心见 数智的秘密

Through Heart-mind
Finding The Secret of Digital Wisdom

李长华 —— 著

清華大學出版社
北 京

图书在版编目（CIP）数据

心见：数智的秘密 / 李长华著 . —北京：清华大学出版社，2023.9

ISBN 978-7-302-64436-1

Ⅰ . ①心⋯ Ⅱ . ①李⋯ Ⅲ . ①数字化—研究 Ⅳ . ① TP3

中国国家版本馆 CIP 数据核字 (2023) 第 153989 号

责任编辑：张立红
封面设计：钟 达
版式设计：方加青
责任校对：卢 嫣 王 奕
责任印制：宋 林

出版发行：清华大学出版社
网 址：http://www.tup.com.cn，http://www.wqbook.com
地 址：北京清华大学学研大厦 A 座 **邮 编：**100084
社 总 机：010-83470000 **邮 购：**010-62786544
投稿与读者服务：010-62776969，c-service@tup.tsinghua.edu.cn
质 量 反 馈：010-62772015，zhiliang@tup.tsinghua.edu.cn
印 装 者：涿州汇美亿浓印刷有限公司
经 销：全国新华书店
开 本：170mm×240mm **印 张：**16.5 **字 数：**224 千字
版 次：2023 年 9 月第 1 版 **印 次：**2023 年 9 月第 1 次印刷
定 价：79.00 元

产品编号：100369-01

本书献给我的亲人们！

我们已经全面进入数字化时代！

智能手机取代了身份证、钱包、钥匙。过去出门，我们需要检查是否随身携带了“身、手、钥、钱”，现在可能只带一个手机就够了。公交卡、门禁卡、信用卡、身份证、驾驶证都已经集成到手机应用中了。忘带手机，我们很可能寸步难行：我们可能找不到要去的地点，可能无法进入公共场所，可能没法购买商品，可能会“失联”……手机已经不再仅仅是一个通信设备，它已经成为数字化生活、工作的缩影。在“缩影”的背后，是看不见的数字化“母体”。数字化改变了人们的生产、生活方式。**在数字化时代，拥有“数智”，是每个人得以生存和发展的必备条件。**曾几何时，不识字的人被称为“文盲”，但今天，不懂数字化、不会使用数字化技术的人，会被称为一种新的“文盲”——“数盲”。**避免“数盲”，非得拥有“数智”不可。**

对于任何组织及其从业者，无论是在政府部门还是企业，“数智”的要求都会很高，拥有高水平的“数智”是其胜任力和竞争力的关键指标。然而，获得“数智”并不是一个简单的知识获取过程，需要领导者和从业者具有批判性思维，坚持实践与反思，用“心”考察数字化现象，从纷繁复杂的表象中发现数字化的本质。**只有建立起“心见”，也就是不局限于他人见解的、自己的数字化观念系统，才算拥有了“数智”。**

从信息化到数字化，中国的实践者已经走过了三十多年艰难而卓越的旅程，取得了辉煌的成就。当今，仍有庞大的人群在这个旅程中进行辛勤的探索与追寻。在未来相当长的时间里，数字化工作的成败将在很大程度上决定着企业的兴衰，影响国家和个人的命运。我作为在信息化和数字化领域最早躬身入局的实践者之一，在探索中积累了非常深的感悟，逐渐形成了我对数字化的“心见”。这些“心见”及其形成过程有助于人们启发“数智”。

我是从2000年开始从事信息技术工作的，2002年，我正式调入企业的信息化部门。起初我从事运维工作，后来从事信息化项目管理、数据中心管理、战略规划、总体架构管理和安全管理等多个领域的工作。我刚到信息化部门时，公司只有一个小型的机房，里面运行着几十台服务器。当我离开时，公司拥有多个数据中心，主数据中心里的机架像“森林”一般，上面装满了服务器和各种设备。可以说我参与了信息化的全过程。在那个阶段，我对信息化工作就有很多的思考，比如信息化的工作模式、业务与IT的关系、信息化工作的本质等，也形成了一些成果，包括信息化运营引擎、客户满意度模型、适应性IT组件以及一页纸的企业架构等。但我对信息化工作的认识还是比较窄的，仅限于一个行业内。

2014年初，我告别了工作23年的央企，加入了国际著名IT研究顾问机构Gartner，没想到，这次转变竟然让我成为中国最早推动数字化工作的人之一。2015年，我带着来自美国总部的分析师，在上海和深圳举办了两场数字化圆桌研讨会。参加会议的有几十位来自国企、民企和外企的信息化领导人。大家在聆听了分析师的讲座以后，在我的引导下发表了对数字化的看法。当时，数字化是一个非常新的概念。虽然大部分企业都比较熟知信息化，也感受到了“云、大、物、移”的热度和互联网带来的冲击，但对数字化还没有什么认识。在国家政策的引导下，企业都在讨论如何实现互联网十。我虽然对数字化不是很了解，但还是捕捉到了这个趋势的重要性，就坚持举办了研讨会。

在接下来的六年里，作为企业领导人的顾问，我服务了国内几十家企业和政府部门。顾问的身份使我可以有机会为多个行业的几十家企业的数字化和信息化工作出谋划策，因此拥有了丰富的经验和宽阔的视野。我亲自参与并见证了数字化的理念在中国落地、生根、开花、结果。在这个过程中，我深深感受到了数字化工作的难度，与企业一起走过弯路，也看到了数字化带来的进步和成果。

而今，数字化已经变成了耳熟能详的热词，国内的数字化工作也开展得如火如荼。作为一个一直在这一领域的笃行者，我看到在数字化加速推进的同时，对数字化的深度思考却没有引起人们足够的重视。许多组织盲目推动数字化工作，存在“人云亦云”的问题。有大量的人力、物力被投入数字化工作中，但往往收效甚微。为什么会出现这种现象呢？我认为这是因为**许多组织和从业者没有从实际情况出发建立起数字化观念，盲目照搬其他人的经验。**数字化是一种历史上没有过的现象，需要根据具体情况进行探索和思考。本书对数字化所做的，不仅仅是深度的思考，更重要的是**排除现有数字化各种观点的影响，对数字化现象本身进行考察，从本体论去认识数字化。**经过深度思考和研究，我发现了许多问题，提出了一些原创性的见解。比如，使用数字化发展取代数字化转型、产品的“软性化”问题，以及使用本体论模型对数字化进行描述等。这些发现是我对数字化的“心见”，但发现的思维模式和过程更加重要。我宁愿**读者通过自己的“心见”发现“数智”的秘密。**

我很早就有了写这本书的想法，但由于事务缠身，我无暇完成。而工作的变动，让我有时间沉静下来，专心地完成这本书的写作。写作设想是把数字化放在信息化的大背景下，重点总结数字化的经验教训，把对数字化的深刻认识提供给各种组织的领导人和数字化的实践者，帮助他们形成和增长“数智”，少走弯路，并取得数字化工作的成功。在写作过程中，我发现论述范围远远超过了企业，涵盖了更广泛的场景和人群。我想把它写成**一本客观、实在、能激发读者思考和行动原动力的书**。之所以有这样的信念，一方面是来源于我个人的特殊经历，我长期从事企业信息化工作，具有国际研究机构的视野，还有不同行业的实践以及跨学科的学习经历（科技、语言、管理、哲学等），这种经历确实是不太多见的。另一方面，我的信心也来自我曾服务过的朋友，包括那些国内领军企业的领导人。我把写书的想法与这些朋友进行了交流，他们都鼓励我、支持我，并相信我可以实现目标。有二十多位朋友为本书做出了贡献，给出了他们在工作中真正的洞察和对本书的建议。有的还直接贡献了文章，我把他们的文章附在后面供读者悦享。当然，这本书的水平有待读者的判断。但我可以保证，读过此书的读者会觉得很有收获、很有乐趣，书的内容很真实、很中肯。

本书的内容包括：对数字化概念进行梳理，回答什么是数字化的问题；对数字化的要素进行深入分析和描述，澄清数字化成功的关键要素；对主要的数字化的关键领域和问题，包括路径、组织、文化、业务与IT的关系以及数据价值等进行剖析；对数字化的组织和文化变革进行全面的总结；最后，对数字化伦理和资本作为数字化的主要推动力等进行辩证分析。

我写作本书是希望它可以帮助到读者，因此本书的内容力求“干货”，篇幅尽可能简洁。强调一下，**本书的内容不可能都“正确”，如果通过本书的阅读，读者可以建立起实践与反思的习惯和框架，也许比内容更加重要**。有心的读者可以读出本书有辩证的深意。通过辩证和反思，想必读者会悟出许多有益的东西。但是，正是因为辩证和反思，本书的观点并不具有确定性真理的特点，**没有人可以一劳永逸地宣布，他已经了悟数字化的真谛，只要按照他给出的“处方”，就一定成功实现数字化**。所有的企业都在数字化的路上，没有谁真正取得了最终的成功。而且，伴随着新技术的涌现以及其他不确定因素的增加，数字化的内涵、方法都需要不断地进化和调整。

但本书中的大部分观点又都是有效的，因为它们来源于实践，来源于深度的本质直观。比如数字化技术连接和智能的本质、平台化的商业模式和运营模式、数据驱动的业务、产品的“软性化”引起的敏捷的要求等。这些可以看作当前数字化的主要特征，也可以说是本体论特征。在这些方向上进行选择、尝试和探索，对任何企业来说都是有意义的、大体上正确的。

我在实践中发现一个问题，在中国和西方，有很多概念和术语方面的差异。在写作本书的过程中，这种感觉越来越明显。因此，本书也尝试运用数字化的中国话语体系。我希望，本书的出版能为中国企业数字化做出切实的贡献。衷心祝愿广大读者从中受益，感受到数字化“中国话语”体系的力量和欣喜。

本书适合企业和政府部门的领导人以及数字化的实践者阅读。其中领导人包括董事长、CEO、CIO、CDO、CFO、CHRO、IT经理、业务经理等，实践者包括咨询顾问、架构师、需求分析师、项目经理、敏捷教练等。这些人在数字化工作中是关键人员，必须掌握数字化的核心知识。本书也推荐给在校的计算机专业和管理学专业的老师、大学生、研究生阅读，因为我发现在许多课程中这样的内容是欠缺的，而这些内容对他们从事的专业是必不可少的。本书也适合普通读者，因为“数智”对每个人都有意义，理解一些专业术语，普通读者也会从中受益。

我把朋友们贡献的文章放在了本书的后面，这些文章的作者是国内一批最具代表性的数字化领导者，有的来自传统企业，有的来自高科技公司。他们均有十几年甚至是几十年的信息化和数字化实践经历，是从业者之中当之无愧的佼佼者。他们从各自的经历和感悟中，选取了最使他们自身受到触动的东西，无私地分享给读者。这些内容对读者来说，特别是相关的从业者、各级领导都具有无可替代的价值。

李长华

2022年12月

本书能够顺利出版，首先应该感谢我工作过和服务过的组织，在这些组织中的经历使我能沉淀下太多有益的东西。这些单位包括国航、Gartner、美丽中国，它们是我曾经工作过的单位。还有（排名不分先后）中国海关、国家气象局、贵阳市政府、中国投促会、中科院信息工程研究所、中国经济信息社、中国人寿、中国再保险集团、平安人寿、平安产险、平安养老险、太平洋保险、太平集团、新华保险、大地保险、安盛天平保险、中国农业银行、中国银行、中国交通银行、兴业银行、浦发银行、民生银行、宁波银行、南京银行、中原银行、邮储银行、光大银行、华夏银行、北京银行、上海银行、恒丰银行、广发银行、中投、中金、中信集团、中信证券、国泰君安、华泰证券、广发证券、招商证券、中国铁路总公司、东方航空、中广核、中石化、中国化工集团、华侨城、深圳证券交易所、中金所、中证登、中国航信、铁路通号集团、北京燃气、潍柴集团、华东凯亚、易方达基金、嘉实基金、默克、雅培、阿斯利康、玫琳凯、蒙牛集团、上海漕河泾开发区、万达集团、国家电网、郑商所、舜宇光学等，它们是我曾经服务过的企业，都是数字化发展中的领先企业。我和它们的科技领导人一同战斗，共同探索数字化的道路。

接下来要感谢参与本书创作、为本书提供建议的朋友，他们有的来自上述单位，也有的是我其他方面的朋友。因为人数较多，在此不一一列举他们的名字。还要感谢那些在我的成长路上提供指导、帮助、鼓励的老师、领导和朋友。

感谢出版社的编辑和工作人员，她（他）们给了我很多的指导和帮助。特别感谢张立红老师，她不断地对我进行指导和挑战，激发我的创作灵感，让这本书更有深度和广度。

正篇

加 篇

正篇

0 引言
“心见”与“数智”

“心见”

中国人自古以来就崇尚“心”的作用。提起“心”就不得不提到王阳明。他是中国古代“心学”的创始人，其核心思想有两个，一个是“致良知”，另一个是“知行合一”。王阳明所说的良知，是每个人先天固有的东西，在实践中指导着人的行动。它告诉我们什么是正确的，什么是错误的。每个人都有良知，即使是贼也有良知，因为贼也不喜欢别人称他为“贼”，这就是良知存在的明证。人的良知可以被蒙蔽，但永远不会消失。即使是最恶的人，其良知仍然会有一个“窗口”。当一个人觉得良心不安时，就是良知在起作用。什么时候最容易发现良知的存在呢？王阳明讲到了“夜气”。当我们在夜间醒来，此时万籁俱寂，心念纯正，忽然感觉到对纠结于心的事有了正确的选择，这就是“夜气”。**王阳明的“良知”主要作用于对行为正确与错误的判定上，但我们也能感觉到“良知”对事物认识**

方面的作用。很多人有过这样的体验，有一个问题长时间不解，但忽然有一天，在心念纯正之际，豁然开朗。

如何致良知呢？王阳明认为，要通过格物才能致良知。格物是中国古代经典《大学》之中的术语。关于如何理解格物，历史上有很大的争论。朱熹认为，格物是格尽天下万物之理的意思，也就是要研究、理解天下万物的道理。起初王阳明也是按照这个意思理解格物的。他曾经多日去观察竹子，试图理解竹子的道理，但弄得形容憔悴，仍不得要领。被流放到贵州省龙场驿时，在艰难困苦之中，他忽然悟到了格物的真意。格物并不是要格尽万物之理，而是要把天理加于万事之上。也就是说，无论做什么，都要合于天理。人生短暂，不可能穷尽天下万物之理，但可以随时以天理指导自己的行动。这样做得越多，就越接近于天理。但在龙场时，王阳明还没有提出致良知之说。他在五十岁的时候，再次悟道，从内心深处抓到了“良知”二字。他对弟子说：“最近我觉得心里有东西要蹦出来，我还不知道是什么，但我觉得它一定是最重要的东西。”后来，他终于提出了“致良知”之说，也就是通过格物扩展良知，用良知指导行动。

关于知与行的关系，许多人把知和行看成可以分割的两个东西。但王阳明认为“知是行之始，行是知之成”，知和行二者不能分开。如果一个人说他已经懂了事情的对错，但仍然没有做正确的事，就不能说他真的懂了。这表明他的“知”不真，所以“行”不实。“良知”在知和行中起着决定性的作用。关于事情的对错，不需要问其他人，也不需要拘泥于圣贤的教导或经典，直接向良知发问，就可以得出结论。王阳明对知和行的要求比较高，在现实中不是每个人都能做得到。但知行合一体现了认识论和实践论的统一，也就是说对事物的认识和实践是密切联系的。**人们的认识指导着实践，反过来实践也完善着人们的认识**。那么王阳明的“良知”学能否用于对事物的认识呢？答案是肯定的。

当今西方世界有两大哲学流派，一派是英美分析哲学，另一派是起源于德国的欧洲大陆现象学。分析哲学主张一切皆可还原（分析），以客观的角度去分析事物，可以发现事物的真相。现象学致力于发现主观的秘密，通过发现主观的秘密去发现事物的本质。现象学的创始人是近代德国哲学家胡塞尔。胡塞尔主张人们所感知到的都是“现象”，要想发现“现象”背后的本质，仅仅依靠“现象”本身是不能实现的，必须借助于对“纯粹自我”的发现。纯粹自我是“我思”中去掉“思”之后剩余的东西，这个“我”有助于直观获得对事物本质的明见性。

我对王阳明的“良知”和胡塞尔的“纯粹自我”进行过较为深入的研究。我发现了一个秘密：良知和纯粹自我是一个东西，只不过被用在了不同的领域。用在指导实践方面，被称为“良知”，用在对事物的认识方面，被称为“纯粹自我”。在王阳明和胡塞尔的论断中，良知和纯粹自我都是先天的。王阳明断言每个人生来都有良知。他把良知比喻为镜子。当一个人出生时，他就有一面干净、清晰的镜子。出生后，镜子会因为生活中不好的经历和他人的影响而蒙上灰尘。这可能会使良知无法正常工作。但无论如何，镜子不会被完全覆盖，厚重的灰尘中总会有一些未曾蒙尘的缝隙。

胡塞尔从另一个角度描述了先天。他认为自我的构成本身是先天的。良知和纯粹自我都是先天的，所以它们都是超越的。自我既能超越世界，也能超越主体性。超越的过程不受“我”这个主体的限制。它可以揭示“我”不知道的东西。良知犹如一面镜子，虽然它是空的，但它能反射和揭示它所遇到的一切。良知与纯粹自我都具有意向性，即它们都是关于什么的。在意向性的表现中，良知和纯粹自我都有自由。王阳明认为良知可以不顾及任何书本上或其他圣人的学说和教诲，自己做决定。胡塞尔断言，当客体的反射线到达自我极点时，纯粹自我可能会选择回应、反映或忽略它。

没有人能否认“心”在实践方面的决定性作用，同样，也没有人敢于完全否认“心”在认识事物过程中的作用。量子力学的发现已经提醒我们，在微观世界，观察者决定了被观察对象的状态。我不想在此提出“心”在认识事物时的决定性作用，但只要承认其起到重要的作用就足够了。本书的主题是通过“心”看见“数智”的秘密，这在理论上是有依据的。**我所说的“心见”，强调的是用我们的“纯粹自我”去发现真相，以“良知”指导实践。**“心见”不是唯心主义的，因为心见承认对象的存在，承认现象对对象的反映。心见要发挥人自身在认识论和实践论方面的主观能动性，符合辩证唯物主义。

“数智”

毋庸置疑，我们已经进入数字化时代。在数字化时代，每个人都直接受到数字化技术的影响，生产方式、生活方式和生存方式都发生了巨大的变化。这些巨大的变化仅仅是一个开端，未来会发生什么样的变化很难预测。我们可以确定的是，未来的变化将是更加巨大的，很可能超出人们的想象，变化的结果有好的，也一定有坏的，因为数字化可能带来流汗、流泪和流血。**面对未来的不确定性，已有的知识和现成的指南恐怕不能确保我们自身和企业的生存和发展。每个人、每个企业必须增长数字化智慧，简称“数智”。**

那么，什么是数智呢？很多人会自然想到它是关于数据的素质和能力。这样的认识大体上是对的，但“数智”绝不仅仅是关于数据的智慧，因为数字化虽然以数据为核心，但它包括的内容和范畴远远超过了数据本身。**本书所指的“数智”是数字化智慧，它以智慧为基础，以数据的智慧为核心，还包括其他数字化智慧。**

若要理解“数智”，首先需要抛开“数”去理解智慧。智慧与聪明相关，但聪明不是智慧。《红楼梦》中的王熙凤是聪明的，但“机关算尽太聪明，反误了卿卿性命”，不能算有智慧。《西游记》中的唐玄奘很木讷，但成就取经的事业，修成佛道，是富有智慧的。苏格拉底说自己什么也不知道，因为他知道自己什么也不知道，所以是富有智慧的。孔子一生奔波于诸侯之间，明知不可为而为之，是有智慧的。愚公以代代相传的坚持实现移山的梦想，他是有智慧的。爱因斯坦思考当运动达到光速时会产生什么现象，看上去是个“傻”问题，但他发现了相对论，也是有智慧的。从这些有智慧的人的行为中我们可以总结出一些智慧的要素，包括承认自己的无知、善于提“傻”问题、能把握长期趋势、不走捷径、坚持做正确的事，等等。承认自己的无知，就能不断地学习和探索。人在幼年时期，都很无知，但学习的速度最快。到了成人阶段，自认为已经很有学问，学习的速度就会下降。到了老年，大部分人会认为自己已经阅尽世间万物，很难学习新的东西。善于提“傻”问题，就能发现别人所不能发现的事物，打破群体的认知“茧房”，扩展自己的认知。能把握长期趋势，就能够从更长远的视角看问题，避免短视行为。不走捷径，就能避免陷入“精致的利己主义”，成就更大的事业和更完善的自我。坚持做正确的事，就能步步为营，积小胜成大胜。这些都是智慧的一个方面，不是智慧的全部。西方的智慧讲求的是“爱智慧”，也就是以追求智慧为人生目标。中国的智慧讲究的是“中庸”，恰到好处，甚至一直做到恰到好处。

这里所说的智慧与当前人们所推崇和追求的聪明有很大的区别。大多数人不承认自己的无知，不愿意倾听和学习。他们规避“傻”问题，只探索有利益回报的问题；只对眼前利益感兴趣，不愿意为了长远利益牺牲眼前利益；最希望走捷径，一夜暴富或者快速实现财富“自由”；以私利判定做什么或不做什么，不太关注正确不正确。要想拥有“数智”，首先要拥有智慧。智慧是“数智”的基础。**以智慧作为基础去培育关于数据和数字化的智慧，才有可能获得真正的“数智”，否则也许只能获得“数聪”，**也就是以短期利益为驱动，利用数字化技术欺骗大众，为少数人捞取好处。

上面讲到的这些有智慧的人都是大家或名人。普通人也可以做到有智慧。王阳明说，良知的质量是无差异的，不同的是良知的重量。普通人也可以有最高质量的智慧，但因为智慧有大小，所以成就的事业会不同。智慧如老子、苏格拉底可以成为伟大的哲学家，如尧、舜可以成为伟大的君主，如孔子可以成为伟大的老师。普通人也能成就自己的事业，同时成就自我。在数字化大潮中，无论我们是什么角色，都可以发展自己的“数智”，并在数字化时代有所成就。

数据的智慧是指懂数据和会用数据的智慧。首先要理解什么是数据和数据是什么。这样说有点拗口，前者涉及数据的定义，而后者要回答的是数据的本质。关于数据的定义在此不必说明。关于数据的本质，存在诸多争议。哲学上离我们切近的说法是数据表征了对象及其关系，也就是数据代表了现实中的事物。所以说数据不是事物本身，但在某些方面可以代表事物。当在这些方面对数据进行分析时，我们就对事物进行了分析。但如果分析的范围超过了这些方面，对事物的分析就必然产生谬误。理解数据是会用数据的基础，所以“读数”就成为了获得数据智慧的必由之路。正如读书可以给人以启迪，读数也可以给人带来智慧，读数带来的智慧就是数据智慧。然而读数的基础也不是数据本身，而是数据背后的故事，是数据代表的事物。用数据的智慧就来自对这些事物的真正理解，来自和这些事物的真实互动，我们在互动的过程中不断修正对数据的判断和决策。比如，我们在开车出门前都会使用地图导航，这就是因为我们知道地图代表了道路，这是懂数据。但地图给我们提供了多个选项，具体选择哪条路就是会用数。大多数人都会选择默认的第一条路，但如果我们有特殊的需要，可能选择第二或第三条路。地图预估的时间大部分有误差，如果我们完全按照它预估的时间出发，就是不会用数，因为我们很可能迟到。**在用数的过程中人凭着自己的判断，对数据进行必要的修正，达成目标，这就叫会用数。**

其他数字化智慧是数据智慧之外的数字化智慧，包括对数字化的理解、建立适应数字化的生产和生活方式、利用数字化实现业务目标和人生目标、能够应用数字化实现人类发展和社会进步等。本书的全部内容就是对“数智”的探索过程，理解了本书的内容，就对“数智”有了初步的了解。

“心见”与“数智”

本书所说的“心见”是用我们的“纯粹自我”去发现真相，以“良知”去指导实践。**具体到“数智”方面，就是通过“心见”去发现数字化的本质并形成指导数字化行动的原则。**借鉴本书的探索方式和思路，读者通过“心见”建立自己的“数智”，就开启了培育“数智”的旅程。需要强调的是，“心见”和“数智”有的时候是一个东西，但为了区分，可以认为“心见”是方法和路径，“数智”是探索数字化的结果。

对于个人来讲，通过“心见”培育的是个人的“数智”。**但在数字化时代，对于任何组织，集体的“数智”都是更加重要的，**因为即使每个人都有足够好的“数智”，如果这些“数智”不能被有效地组织起来，集体呈现出来的仍然可能是半个“数盲”。建立集体“数智”的关键在于组织、文化和机制。

现在就让我们开启“数智”的“心见”之旅吧！

第一章
数字化“迷雾”

数字化故事一

东方航空（以下简称东航）是一家国有支柱型航空公司，在历史上曾经有过持续亏损、旅客满意度偏低的困境。但在过去的几年里，公司在经营、管理和服务方面都取得了巨大进步，俨然成为中国航空公司中创新能力最强、发展最快的航空公司之一。即使是在新冠肺炎疫情之下，仍然显示出强大的创新发展能力。

我第一次见到这家公司的CIO王斯嘉是2016年，当时我和他在办公室有过一次很艰难的对话。作为一名信息化领域的老将，王斯嘉在行业中有着较高的影响力和号召力。我向他介绍了自己和Gartner为他提供的服务内容，并向他分享了当时Gartner关于数字化的一些观点。但斯嘉总看起来对我所说的并不“感冒”。他直截了当地对我说：“在现阶段你们帮不了我们什么。”这话让我有点发蒙，一时不知如何是好，但我表面上并没有表现出来，就他聊起了国家发布的“互联网+”战略，这下他似乎来了兴趣。他问我怎么看“互联网+”。我就向他解释：“在Gartner的研究中没有‘互联网+’这样的概念，但我觉得它与数字化概念是有密切联系的。在中国，因为互联网公司的影响力太大了，所以才会有‘互联网+’的说法。在西方当前最重要的话题是数字化。”我提出为他整理一份资料，对比数字化和“互联网+”之间的关系。他同意了。

在整理资料的过程中，**我发现所谓的“互联网+”并不是指网络的连接，而是平台型的服务，而平台型的服务正是数字化的主要特征之一**。也就是说，我们所说的“互联网+”其实就是数字化。我把资料发给了斯嘉总，他当时未置可否。后来，经过几年的合作，我和斯嘉总成了工作上的莫逆之交。我邀请他在Gartner的CIO峰会上进行了一次对话，他分享了东航的信息化旅程。我当时介绍他时用了“信息化的老将、数字化的新兵”的说法，他并没有表示异议。后来，在一次行业交流的间隙，他说出了一句让我非常欣喜的话：“互联网化的东航，就是数字化的东航。”时过多年，斯嘉总已经退休。但东航的数字化工作一直有条不紊地向前推进。在“十四五”期间，数字化的战略进一步明确：对内降本提效；对外提升客户体验，创新产品，突破经营的边界。**他们的“首见乘务员”服务模式、“数字孪生”运行模式、“全球等距”支持模式以及“公民数据科学家”行动都是典型的数字化举措。**

在当今的中国，作为一名领导或管理者，如果不讲数字化，你会觉得有几分难为情，因为你的领导和同事都在讲这个话题。国家确立了“数字中国”的战略，国资委、央行、银保监会等部门出台了推进数字化转型的指导意见，国家统计局也已经开始统计数字经济在国民经济中的占比。各级组织、机构和企业实体也纷纷制定并实施了数字化战略。在商业领域，主要的厂商和服务公司都进行着各种各样的数字化转型。每个月，都会有与数字化相关的不同规模的会议召开，有些是政府机构主办的，有些是商业公司组织的。在网络和线下，有数不清的关于数字化的培训和讲座。在数字化领域，有大量的人力和物力的投入，蕴含着无尽的商机。每个人都能实实在在地感受到数字化的获得感，比如由导航地图带来的出行便利性，由手机支付和网购带来的购物便利性，以及由政务应用带来的办事的便利性等。

数字化“迷雾”

但是，在这些表象背后，隐藏着许多无法看清的东西。如果我们和不同的人讨论数字化，一定能够得到各种不同的观点和认识。另外，有关数字化的疑问悄悄地在人们心头潜伏或升起。比如，每个组织的领导人都清楚，如果不搞数字化，自己的企业和组织就将面临被淘汰的危险，但怎样才能搞好数字化？数字化到底是什么？它带来的影响和含义有哪些？在社会层面，为什么在各种便利因素的作用下，人反而变得更忙碌、更焦虑？在企业层面，在对数字化不断加大投入的同时，为什么收益却并不明显？那些饱尝互联网红利的大型企业，如阿里、腾讯、百度为什么也遭遇了增长乏力的危机？我把这些现象统称为数字化“迷雾”，那么这些“迷雾”是如何产生的呢？又如何避免在“迷雾”中迷失？

人为力量推动趋势

进入工业化时代以来，我们看到一种变化：趋势越来越多地是由人为力量推动起来的。在这之前，趋势更多是自然形成的。自然形成的趋势可以被看成“瓜熟蒂落”的自然过程，但人为力量推动的趋势是一种人工“催熟”的结果。如果不能认识到这种变化，在许多大的新趋势产生的过程中，我们就会随波逐流，不知不觉地被裹挟，一开始热热闹闹地参与其中，但最后发现被“收割”

了。因为我们起初会很好奇，去主动或被动接受很多关于新趋势的消息。了解了越来越多的消息之后，我们变得兴奋并跃跃欲试。但是兴奋之后，真正开始投身其中时，就会遇到许多意想不到的问题。随之而来的是失望和沮丧的情绪，有的人就迷失了。但是没想到，随着问题的逐渐解决，优胜者逐渐浮出水面，很多人发现自己已经被远远地甩在后边，可能已经来不及追赶了。因此，要把握这样的趋势，我们必须有清晰的策略，保持清醒的头脑和判断，在合适的阶段做正确的事。

数字化趋势也是这样的，起初，炒作和推动的力量一下子就把它推向了高潮，创造了数字化“迷雾”。在我们这个时代获取信息是非常容易的，网络媒体、自媒体每天都有大量消息供我们消费。它们有的是被“有心人”故意制作的，有的是为了博取流量和眼球跟风的。真正有洞察力的“干货”是很少的。非常有意思，我也是数字化趋势的推动者之一。我对自己在推动过程中的行为进行反思之后，发现我起初也有一些盲目的狂热，但好在我没有在这个过程中迷失，仍然可以跳出来再次进行思考。

“免费”信息不免费

需要强调的是，当前网络上的“免费”信息其实并不是免费的，信息也是靠不住的。说它不是免费的，是因为查阅这些信息占用了我们大量的时间，而我们这个时代的人最缺的是时间。几乎每个人都曾陷入某一个 App 中，每天花费大量时间去浏览其中的信息，但静下心来想一想，到底有多少是有意义的信息呢？更不要说信息的质量是非常不可靠的，据统计，互联网上的虚假和不实的信息占比在 60% 以上（这是几年前的统计，如果是今天的统计，这个比例会高得多）。现在的 App 厂商都有专门的研究心理学的开发人员，他们用尽一切手段把用户吸引并锁定在这些 App 上。所以，我宁可把互联网的大部分信息称作消息，消息随风而至，也随风飘散。我们可以断言，导致数字化迷雾的直接原因之一就是网络上大量关于数字化的消息。鲁迅先生说过：“时间就是性命。无端地空耗别人的时间，其实是无异于谋财害命的。”可见这些消息不但不是免费的，还无端地消耗着我们的生命。

从失败循环到成功循环

同其他大趋势一样，如果处理不好，数字化迷雾会让我们好奇、兴奋、失败、失望、迷失并最终悔恨。我们必须清晰地理解这种趋势的变化，从这个失败的怪圈中跳出来。在接下来的章节中，我将帮助大家实现这种跳，跃建立一个完全不同的循环，即好奇、兴奋、深思、敏行、成功的循环（图1）。

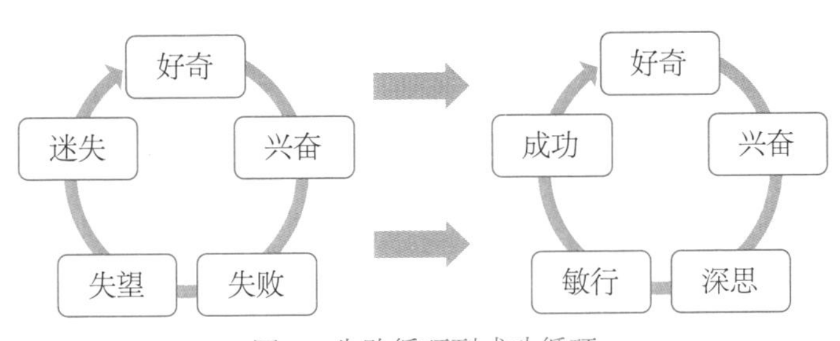

图1　失败循环到成功循环

数字化故事一点评

对所有组织来说，通过“心见”增长“数智”，不迷失在数字化“迷雾”中，是一个重要的命题。对这个命题的解答是一个系统工程，本书的全部内容其实都是这个系统工程的一部分。但最重要的是企业必须摆脱各种各样的干扰，形成自己的数字化观念体系。在数字化的起始阶段，必须明确数字化的目的。不要为数字化而数字化，而是为了业务目的而进行数字化。东航在信息化阶段提出以降低成本、提高效益和安全性为目的的信息化，在“十四五”期间，进一步明确了对内降本增效，对外提升客户体验、创新产品，突破经营边界的目标。有了明确的目标就保证了数字化有一个良好的开端。当然，东航在数字化方面取得的进展不仅仅在于其清晰的业务目标，还在于其较出色的领导力、科技治理、人才队伍和企业文化。

第二章
信息化与数字化：数字化的前世今生

数字化故事二

××科技是一家行业内领先的新能源公司，公司的国际化程度很高。为了向国际最高水平看齐，企业一直以国际最佳实践指导其经营和管理工作，还聘请了一些外籍专家和管理人员参与产品的研发和企业的管理。像许多采用西方最佳实践的企业一样，××科技在信息化和数字化的治理方面设立了信息化委员会和数字化委员会两个委员会。顾名思义，两个委员会分别指导企业的信息化和数字化工作。在两个委员会之下，分别任命了首席信息官（CIO）和首席数字化官（CDO）。CIO和CDO领导不同的团队，负责不同的领域。CIO主要负责企业的内部信息化工作，包括流程打通、提高运营效率、降低企业成本等。CDO负责企业数字化产品的开发，包括电厂选址、设计、数字化运营技术平台等。因为不同的人负责不同的领域，保证了各个领域的资源比较充足，在信息化领域和数字化领域都取得了很好的成绩。企业的内部信息化为企业的运营管理提供了较好的支撑，数字化产品也提升了企业在市场中的竞争力。但是随着工作不断深入，两个领域之间产生了越来越多的问题。

CDO发现，为了进一步提高数字化平台的效能，需要与企业的运营系统进行连接，订单数据、客户数据都是数字化平台必需的数据。而CIO也在持续创新的过程中不断扩展企业数据平台的功能，具有了向客户提供数据服务的能力。也就是说，CIO的工作领域已经逐渐渗透到了CDO的工作范围，CIO的工作发生了“越界”。CDO感觉到自己的领域被人“侵占”，当然不是很高兴，就在数字化委员会上对此提出了“异议”。但是CIO的工作对业务发展有利，他获得了业务部门和信息委员会的支持。数字化委员会的相当一部分人员与信息化委员会的人员是重叠的，所以在数字化委员会中对CDO的异议也未置可否。这样CDO的工作就遇到了困难，他很郁闷，但又没人解决他的问题。同时他发现，他提出的要从运营系统获取数据的需求也没有获得及时的响应。CIO总是以工作忙不过来为由，不给数据连接工作分配足够多的资源。

CDO是一位来自外企的高管，他没想到在××科技会遇到这样的问题，但他是一个非常聪明的人，没有一味地去埋怨别人或是企业的文化，而是就数字化和信息化工作的分工进行了深刻的思考。**他发现，其实信息化和数字化工作是密不可分的，信息化工作是数字化工作的基础。如果希望数字化工作取得成功，就必须有信息化的支持。**而且，信息化工作如果做好了，必将发展成数字化工作。他遇到的问题不是别人“侵占”了他的领域，而是他的领域本来就是别人的发展空间。想到了这些，他决定换一种思路，放下自己的“地盘”意识，去推动企业新一轮的变革。

在CDO的推动下，××公司的信息化委员会和数字化委员会合并为一个委员会，企业取消了CIO的头衔，原来CIO和CDO的团队进行了重组，成立了数字科技中心。因为在推动变革中CDO的作用突出，反映了优秀的职业素质，受到了经营班子的认可，被任命为新的CDO，全面负责信息化和数字化工作。原来的CIO被安排在××科技的一家主要分公司任副总经理，并保留原有职级。事情获得了圆满的解决，××科技的数字化工作取得了更大的进展。

信息化和数字化概念溯源

说到数字化，就不得不说到信息化。**信息化这个词是中国人发明的，在英文里没有信息化这个词，勉强可以对应的词是信息工业化（Information Industrialization），但含义远没有信息化那么高远**[①]。在中文的语境中，信息化是指通过信息技术对业务进行改造，最终达到改变业务流程、降本增效和保障安全的目的。必须承认，虽然在纯技术领域，中国起先是跟随者，但是在概念方面，中国人是高西方人一筹的。这是中国文化优越的部分之一。我们会给一个普通的词赋予非常丰富、美好的意义。比如我们对外国国名的翻译，包括美利坚、法兰西、英吉利等都包含了对一个国家的尊敬，显示了中国人的修养和文化气息。信息化，勉强翻译成英文就是Informationization。如果在研究网站上搜索Informationization这个词，结果都是中国人写的文章或论文。我和英国的朋友确认过，英文中没有这个词，也就是说在英文中，信息技术原本不含有“化”的含义。

我在与西方一些CIO的交往中，发现大部分西方企业说到CIO要引领业务的时候，都意味着信息技术应用发展的高级阶段，这是较难实现的。但在中国，当我们提出信息化的目标的时候，已经默认包含了科技引领业务的含义。要求CIO与业务相结合，不能仅停留在技术本身。所以我在与西方CIO交流的过程中，听到他们要开始向业务方向拓展自己的技能时，我内心便感到疑惑：难道

① 据说是日本人类学家梅棹忠夫最早在他1963年发表的*Information Industry Theory: Dawn of the Coming Era of the Ectodermal Industry*中提出了信息化的概念。

IT 不就是应该主动拥抱业务吗？难道这不是起初就应该具有的内在要求吗？我在 2002 年开始从事企业的信息化工作，那个时候我们就已经有了清晰的目标，就是要跳出技术的圈子，站在业务的角度去思考问题。

我想说的是，中国人确实在理念方面是领先（或超前）的。也许有人会批评我，说这是一种盲目的自信或优越感，而我的回应就是，中国人在许多方面，在历史的大多数阶段，都是世界的领先者。美国桥水公司的创始人达利欧曾组织专家进行过研究，他有一张非常清晰的国家综合实力图，如果读者感兴趣，可以在网上找来看一下。如果说系统化的现代科学产生于西方，我并没有异议；但说中国的科学技术长期落后，我实在不敢苟同。没有精良的技术，哪来的故宫、长城和都江堰，还有郑和下西洋的宝船？科学和技术本身就是两回事，虽然二者之间有密切的联系。**我愿意做出这样的推断：一个在科学上相对落后的国家，完全有可能在技术上实现领先。**

回到信息化这件事，中国在引进信息技术之后，很快发现了它的潜在影响，认识到信息技术绝对不是一种简单的技术，它将对社会、企业和人类带来深远的影响，因此才提出了信息化的概念。我没有去考证信息化这几个字最先是由谁提出来的，但无论是谁，我都禁不住要为他喝彩。之所以要赞叹信息化的概念，是因为在这个概念中已经包含了数字化的内容。

我们来看看数字化业务的原初概念：打破物理世界和数字世界的界限，对业务进行重新设计（Gartner, Digital Business）。这和我们上面说到的信息化的概念可谓如出一辙，信息化是对业务的改造，包含了设计的概念。只不过限于历史发展阶段，当时还没有数字世界的概念，没有提出要打破界限。所以，当数字化的概念被引入中国以后，马上引起了许多人的疑问。他们会问：数字化是不是一种倒退？我们在进行电子化的时候不就在进行数字化吗？信息化难道不需要对业务进行重新设计吗？**这样看来，我们很多的疑惑竟然与理念超前有关。**在我们的概念体系中，数据是最基础的概念，信息是有用的数据或数据分析的结果，知识高于信息，是可以被重复利用的精神财富。如果这样看，信息化就已经在数据化之上了。我还记得在十几年前，中国出现了许多名字里包含“数码”两个字的公司。当时用的英文就是 Digital，就是我们现在说的 Digitalization（数字化）的词根。

使用信息化和数字化概念的三个选项

这样的历史回顾，也许让读者感觉很糊涂。但是我们如果再稍微梳理一下就清楚了。西方人认为，数字化分为两个阶段：第一个阶段是 Digitization（差不多是我们说的电子化），是把纸面上的数据变成电子数据的过程；第二个阶段是 Zigitalization，这是我们说的数字化。所以，**我们可以看出在电子化阶段，中国已经创造了信息化的概念，它超越了电子化的水平（但与数字化的概念是有区别的）。而在数字化阶段，我们需要重新对齐概念。**我们有三个选项，第一个选项是我们对信息化的概念进行扩展，可以把数字化看成信息化的高级阶段；第二个选项是保留信息化的原有概念，把数字化看成一个全新的历史阶段；第三个选项是把信息化的概念合并到数字化当中，为了与国际通用术语对齐，使用数字化这个词语。

以上三个选项，在我看到的企业实践中都存在。但大部分采用了第二个选项，即在一个组织中有两个和信息技术有关的“化”。这个选项的弊端是非常明显的，那就是组织不得不做两套东西：既有信息化规划，也有数字化规划；既有信息化职能，也有数字化职能，等等。当然也有其优势，就是可以体现两者的差异，有利于业务创新。其实我个人更倾向于其他两个选项，这两个选项也各有利弊。如果使用信息化的术语，有利于建立一套独立的理论系统。从长期来看这应该是一个必然的趋势，因为中国确实有一套完全不同于西方的理论系统。瑞士著名心理学家荣格在他的《金花的秘密》（这是一本对中国道教经典进行解读的书）“圆满”章中有这样一段话：“对我们来说，对东方灵性的愈发熟识仅仅象征性地表达了一个事实，即我们正在开始与我们内心之中仍然陌生的东西发生联系。否认我们自身的历史前提是愚不可及的，那将是再次失去依靠的最佳手段，只有牢牢站在自己的土地上，我们才能吸收东方的精神。”如果我们把这段话中的东方灵性替换为西方科学，也同样具有重要的意义。我们的很多实践，在西方的理论体系中都没有对应的东西。比如我们有互联网巨头，而西方把他们的大型 IT 公司统称为数字化巨头。当然，使用独立的系统也有一些问题，不利于国际间的对接。在未来，我们可以建立新的翻译对照来解决这个问题。比如，我们未来就可以把信息化直接翻译成 Digitalization。最终选择哪个选项，往往是一种自然演化的结果。但无论怎样，我们都需要厘清这些概念的脉络，不要被搞糊涂了。

信息化与数字化的区分

根据我的观察，在西方划分 Digitization 和 Digitalization 是很容易的，但把信息化与数字化进行划分是不太容易的，这是因为信息化本身包含了数字化的概念，把它们强行区别开来有点困难，需要一点刻意的行为。在这个过程中，我们还可能需要“让渡”一部分信息化的“权利”。

我们可以从使用技术、实现目标两个方面进行划分。在使用技术上，信息化采用传统的信息技术，包括计算机、数据库、应用软件和网络等技术；数字化采用的是云计算、大数据、物联网、移动、人工智能、区块链等新型技术。在实现目标方面，信息化主要是实现优化流程、降低成本、提高收入和保障安全等目标；而数字化主要是实现业务转型、商业模式创新等目标。这样的划分其实是不太让人满意的，因为数字化的基础技术也包含了传统的信息技术，而信息化工作也会使用新型技术。数字化工作很多也是从优化流程、降低成本和保障安全开始的。而信息化在发展过程中，也会有实现业务转型、商业模式创新的结果。这样看来，严格区分二者是很困难的。因此我的个人倾向是使用一个统一的大概念。

数字化本体论模型

为了不使概念混淆，尊重事实上存在的信息化和数字化这两个术语，本文在写作中会采用第一个选项，即数字化是信息化发展的高级阶段，信息化包含了数字化。给数字化下一个清晰的定义是不容易的，就像许多基本概念一样，比如如何定义“人”就是很难的。解决这一难题的方法是采用本体论的方法，即描述构成这一概念的主要特性。我把数字化本体论描绘为“四个圈”（图2）。

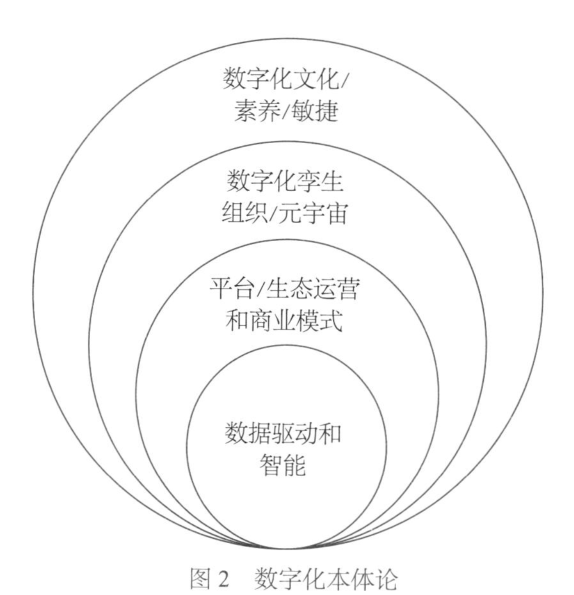

图2　数字化本体论

数字化的核心是数据驱动和智能，这里所说的智能是人工智能（Artificial Intelligence，AI）和增强智能（Augmented Intelligence，AI）。关键在于使用数据、人工算法或机器算法为业务提供洞察，并推动业务的优化或创新。如果没有数据驱动和智能，就不能称为数字化。数字化的第二个构成要件是平台化或生态化的运营模式和商业模式。商业模式指企业做什么，而运营模式指的是怎么做。依托平台运营，参与生态的运营，或者依托平台、生态打造商业模式，都是数字化的特征。当企业以数据驱动为核心，并朝着平台、生态的商业模式、运营模式转换时，其发展的结果必然是数字化孪生组织，即在组织内有一个与其实体平行的虚拟仿真。与一般仿真有所不同的是，这个仿真与实体组织保持同步，而仿真中的指令和操作可以直接作用于实体组织。随着数字化孪生组织不断发展，纯粹虚拟的空间和内容被引进，人们将进入元宇宙时代，届时实体世界和虚拟世界将成为一个整体。数字化的基础要件是数字化文化、素养和敏捷的工作方式，离开这些基础，数字化是不可能发生的。这里我只是简单地对数字化本体论进行了说明，其实本书的内容基本是围绕这个本体论展开的，读者在接下来的阅读中自然会有体会。**企业可以以这个本体论模型为原型，结合企业的行业特点，对不同的要件进行细化，就能形成企业的数字化战略。**有许多可供借鉴的框架和实践帮助企业完成这一细化工作。比如企业的运营模式是企业成功的关键领域，它代表了企业这台机器是如何运行的。欧洲数字化能力基金会的 VeriSM 就是一个很好的参考框架，可以帮助企业建立渐进式的数字化运营模式。

数字化的特殊性

数字化继承了传统信息化的许多属性、方法、技术和成果，但由于代表技术的不同，以及带来的业务影响和变化不同，它和信息化相比有一些特殊性。这些特殊性主要表现在以下方面。

（一）数字化关注的重点是商业模式创新和业务变革

在信息化的初始阶段，信息化关注的重点是业务流程和工作方式。人们利用信息技术对业务流程进行电子化、线上化改造，取代一部分人工的工作。这个阶段带来的结果是企业或组织有了大量的IT应用系统，人们依托这些应用系统开展业务，并把业务的过程和结果用电子媒体记录下来。这个阶段的许多应用也对业务流程进行了颠覆性变革。比如，通过ERP系统的物料管理，变物料领用为物料配送，大大提升了物料获取的效率；通过CRM系统，让客户信息更加透明，使客户信息跨渠道进行共享成为了可能，进而可以实现交叉销售；使用检索系统，大大提升了查找信息的效率，使得原来仅具有理论可能性的手工检索变得非常简单。比如，我接触到的第一个应用系统使用VB对乘务员培训档案进行管理。在没有这个系统之前，对上千名乘务员的历史培训进行有效检索几乎是不可能实现的，但有了这个系统，就很容易实现检索和查询，从而更加有针对性地制定训练方案。我们使用计算机绘图软件，可以在一天内画出几十张甚至更多的图纸，而这之前，需要使用制图板手工绘制，一天能够画出的图纸数量是非常有限的。人们通过OA系统和邮件系统传递文件或信息，实现了流程透明和信息的实时传送。我们能看到，办公室里的打字机、制图板、传真机逐渐消失了，取而代之的是每人桌面上的电脑和大家共享的打印机。

信息化用信息技术装备了企业、组织和个人，改变了人们工作和生活的方式，但并没有改变工作的本质，组织和企业仍在原有商业或业务模式下运行。银行的信息化旨在把银行业务做得更好，航空公司的信息化也是为了把航空业务做得更好。那个时候没有人去思考业务转型的问题，例如银行不再是银行，或者航空公司不再是航空公司。**但是进入数字化阶段后，人们的关注重点由业务流程转向了业务模式本身**，因为人们发现，在他们的门口出现了越来越多的“野蛮人”，这些人使用技术平台，对他们的业务领域进行蚕食，如果他们不转型，就有可能完全失去对业务的控制能力。比如银行发现，新的支付方式使得传统的刷卡和现金结算逐渐被淘汰，新型网贷也在侵蚀着自己原有业务领域。航空公司发现，在新型快递公司的挤压下，自己的货运业务变成了他人赚钱的工具，而自己却在微利或亏损的边缘挣扎（全球新冠肺炎疫情似乎短暂地扭转了这一局面，国际市场对中国物资的需求使航空货运蓬勃了起来，但这不会是常态）。越来越多的实体店、路边小店业务变得萧条，因为网购已经拿走了它们的一大块业务。在制造业出现的新型制造商也在挑动着传统制造商的神经，像特斯拉、小米这样具有数字化属性的公司，生产了完全不同的商品，直接向行业中的传统企业发起了挑战。过去开发一款新车可能要几年甚至十几年，而新型制造企业用不了一两年，就把光鲜亮丽的产品投放到市场中。这个时候，企业如果还固守着曾经引以为豪的工艺传统，就不可能不被挤出市场。

在数字化技术的推动下，人们的消费偏好也发生了改变。人们开始倾向于选择那些具有连接、软件定义属性的产品（比如智能手表）。当这样的偏好成为普遍现象时，那些不具备数字化属性的产品会被挤出市场。同时，因为担心小规模的企业无法保障未来对产品进行升级，人们在选择有更新功能的产品时往往会选择规模排在前几位的大厂。这自然形成了一种垄断。

可见，用技术对业务本身进行改造是被逼出来的。没有哪一个传统的部门没有受到过威胁，有些威胁甚至直接导致了企业的破产和萧条。我们也看到许多传统的老店挣扎在亏损的边缘，例如，天津狗不理包子宣布退出市场。转型成为大多数人的共识。**人们在想，既然一些新型的公司可以利用数字化技术创造颠覆性的业务，他们可不可以也利用数字化技术实现业务转型？**这样的思考直接导致了数字化理念的诞生，即使用数字化技术对业务模式进行改造或创新，使企业在竞争中脱颖而出。在这样的背景下，我们看到许多传统企业发出了要成为一家科技公司的呼喊。比如美国通用电气公司就曾经想转型为一家软件和数据公司，新加坡新展银行提出“少一些银行，多一点生活”的新型银行发展目标。**信息化的重点也就由更好的流程变成更好的业务本身，信息化从而也进**

入了新的发展阶段，即数字化的阶段。

（二）数字化在信息化应用积累的基础之上构建平台和数据驱动的应用

信息化的需求一般由业务方提出。业务部门根据其业务的需要，希望通过信息系统达到管理目的，所以我们会看到人力资源管理系统、办公自动化系统、财务管理系统等应用系统。随着信息化工作的不断深入，越来越多的应用系统投产，越来越多的业务流程在应用系统上面运行，许多企业发现，似乎没有更多新的需求，大部分都是在原有系统上的功能完善或修改。由于信息化的需求是由某个业务部门提出的，产生的应用系统为某部门或单一的流程服务，自然而然地产生了大量的应用“竖井”或“孤岛”。系统之间的互通互联很有限，局部最优的系统反而成为打破业务部门之间边界的障碍。人们会发现，数据口径的不一致、应用的壁垒对企业的整体业务带来了不少的困扰。在很多企业中都出现了同一个数据项不同部门都有不同结果的现象。一旦需要对业务进行贯通，信息孤岛就成为一个需要解决的问题。

我们应该对这种孤岛效应进行理性的思考。首先，孤岛并不必然是一个贬义词。孤岛虽然意味着某种隔离，但同样意味着在某个领域的自给自足。如果都能实现自给自足难道不好吗？信息孤岛是历史的产物，在初期发挥了很大的局部作用，而这种作用也给业务部门带来了很大的收益。我们难道不应该对财务结算由半年一结缩短到日结而感觉到惊喜吗？难道不应该为不同的渠道都取得业务上的良好收益而感到庆幸吗？信息孤岛既是历史的产物，也有其历史的先进性，可以说没有信息孤岛，就不会有数字化的基础。反过来，我们也可以设想一下，在信息化初期就以全局的方式建设系统，避免孤岛。这种设想虽然存在理论上的可能性，但实际上并不可行。因为，这样做会使系统建设周期过长，风险太大，使我们无法快速享受到信息化的红利。所以我们不应该把信息孤岛理所当然地看成一个问题，而是需要探寻它到底有什么问题。上面我们说到，市场上出现新的竞争对手、新的打法时，要求传统企业进行改变，而信息孤岛会使改变变得很难，这才是它的最大问题。信息孤岛不是罪！任何事物有利必有弊，我们不可能只接受有利的方面而拒绝不利的方面。当然，质疑孤岛太多、太碎是合理的，因为在信息化建设过程中确实存在这样的问题。

信息孤岛是信息化的宝贵“遗产”，里面包含大量优秀的业务逻辑、代码，除此之外还为我们沉淀了大量的历史数据，这些都构成了数字化的基础。基于这些基础，我们可以抽取出共性的东西，把应用平台化，在平台之上可以对业务进行快速重组，以适应新的业务形态。我们也可以把大量的数据统合起来，发掘它们的价值，创建一种完全不同的应用，即因数据价值而产生的应用，而不是因为现有业务需求而产生的应用。我们看到，像字节跳动这样的公司，把互联网上大量的数据整合起来，开发了今日头条这样的应用，结果是把大量的“垃圾”变成了价值。我们也看到，中再保险集团利用已有的保险行业数据，开发出模型，并将模型应用于银行业，向其他行业赋能。我们可以有这样的判断：没有信息化的基础，就没有传统企业的数字化。这样说就会引起另一个问题：企业能不能跳过信息化阶段，直接进入数字化阶段?

这个问题非常有趣，也非常有意义。但是这个问题比较笼统，如果说利用数字化技术进行业务变革和商业模式创新，我认为这是可能的。国内外有不少创业公司，走的都是直接数字化的道路。它们没有使用传统的信息化应用系统，而是直接采用云原生的方式开发自己的系统，也完全可以支撑它们的业务。在中国，我的一位 CIO 朋友在加入一家矿业公司以后，在集团层面也是这么做的。我们发现这些企业有一些共同点，要么企业的规模不大，要么业务不太复杂，要么对信息化技术的依赖程度不高。它们的平台是构建在他人的应用和数据的基础之上的，但是随着规模的不断扩大，我们会发现它们不得不构建自己的应用系统。如果仔细考察当前的互联网公司，包括阿里巴巴和字节跳动，都会发现这样的特点：企业跳过了信息化阶段，但是当企业的规模扩大，业务变得越来越复杂时，企业又不得不回过头去“补课”。这种“补课”可能比传统企业信息化效率更高，因为这些企业在信息化方面有后发优势，设计思路、工作方式和采用的技术都比较先进，很大程度上避免了信息孤岛过多和重复建设。可见，大部分传统企业和新型创业企业似乎走了一条相反的道路。**传统企业走的是先信息化，再数字化的道路。而创业公司走的是先数字化，再信息化，再数字化的道路。**

（三）数字化阶段技术能力的建设重点是外部连接

在信息化阶段，企业的技术能力发展的重点是完成内部业务流程的信息化，信息系统的主要用户是内部的员工。但在数字化阶段，技术能力建设的重点开始向外部转移。以电子商务和供应链管理系统为代表，数字化平台开始支持外部用户、客户、合作伙伴。这些外部连接的驱动力在于，企业内部的信息系统完成了对内赋能以后，发现对外的业务连接成为了信息流动的瓶颈，必须得到解决。像电子商务、供应链管理系统这样的平台，本质上仍然是企业“私有物”，因为它们虽然扩大了用户的范围，但主要目的仍然是为企业自身的业务服务，这种连接属于以“我”为中心的点对点连接。

在完成了对外部连接的第一步之后，企业发现还可以进行更加广泛的连接。不但可以和自己的客户连接，还可以与其他企业的客户连接，甚至可以和更大的潜在客户群体连接。对于与个人客户的连接，由于有互联网巨头的平台的支持，这样的连接很容易实现。当然这也是有代价的，也就是对客户所有权的某种程度的丧失。比如在淘宝上的客户在很大程度上属于淘宝平台，而不属于企业。但是这一点现在看起来也已经不那么重要了，因为客户实际上是一种公共资源、共享资源，只要服务得好，经营得好，连接客户的渠道在哪里对业务的影响并不大。**与个人客户平台进行连接，其本质是通过平台连接了整个客户的**

生活，而客户的生活是最大的客户生态。未来，通过已有的公共平台与客户进行连接仍然会是主要的选项，但随着客户群体进一步细分，许多新型的个人客户平台也会越来越有自己的空间。比如，未来会有专门为乡村公民、城市工薪群体、知识分子、“00后”、学生等不同群体服务的平台。这些都为私域流量的经营提供了可能性。

展开讨论一下，如何划分客户群体才是最好的呢？是按照他们的需求种类还是需求层次进行划分呢？当前胜出的看起来是按需求种类进行划分，即围绕购物的需求、社交的需求、娱乐的需求、获取的信息的需求等，分别产生了具有决定性影响力的平台。但这样的划分导致了不同需求层次的混合，好处是实现了平等，但缺点是有些群体的独特诉求受到了忽视，以及可能引起信息闭塞。也就是说，对任何群体而言，所能获取的信息都是一样的，既不能获得更有意义的信息，也无法屏蔽低水平的信息。但是未来，会不会有越来越多按照人群进行划分的平台呢？我觉得在某些领域还是很有必要的，也就是在那些存在明显群体差异的领域是很有必要的。比如，在乡村振兴的背景下，应该有专门服务于乡村公民的平台。因为，只有专业的平台才真正理解他们的诉求，为他们的资源经营、资产增值提供有效的服务。

如果把与客户生活进行连接的思路用到与生产者的生产活动上，就形成了面向商业实体的平台和生态连接。我们上面已经说过供应链，这是一种为自身生产服务的连接形式，但也可以考虑去连接更广泛的供应商、客户和合作伙伴。这就会产生与行业平台或产业平台的连接问题。为了实现这种连接，就需要有行业和产业平台。有很多初创公司已经在行业和产业平台的建设方面进行了不少的探索。比如有连接纺织机的平台、连接建筑材料供应商和建筑商的平台、连接大型机械的平台等。但是这些平台往往在为怎样找到合适的商业模式而困扰。那些可以为行业直接产生明显效益的平台在这一点上还好，但有的行业通过数字化赋能产生的效益并不明显。比如，把所有织布机连接起来，对工厂来说，能够提高的效率非常有限。但是如果从大的图景去看，从行业主管部门的角度去看，甚至从国家经济管理层面去看，这样的连接就会有很大的效益。甚至，如果跳出这个行业本身，会发现连接起来的织布机对于银行业、保险业，甚至是制造业都有很大的意义和经济效益潜力。**这也是通过平台进行产业生态互联最有意思的地方。我们需要从更大的场景去看它的效益，去发掘其价值。**

行业和产业平台会是由谁主导建立呢？首先，需要明确，这个赛道比较分化，与个人客户平台的赛道完全不同。因为行业平台对行业知识的要求是非常高的，不太可能“赢者通吃”。所以，可以预见的是，行业和产业平台的数量会大大超过个人客户平台。企业如果想与行业平台进行连接，首先应该努力在市场中寻找比较有前景的合作伙伴。如果确实没有找到，也可以考虑自己成为这样平台的建设者。当前，有些银行正在进行这样的尝试。我觉的背后的逻辑是行得通的，但需要做的转变也是巨大的。

（四）数字化需要新的思维、管理方式和文化

当我们说数字化是信息化的高级阶段，我们用的是阶段这个词。一个阶段暗含的意思是其相比于前一个阶段有较大的变化。数字化阶段的变化是在信息技术的触发下发生的，同时也有大的商业、社会发展的背景。大的背景包括全球化和再全球化、资本高度集中化、贫富差距加大、全球疫情和生态环境恶化等。习近平总书记说这是百年未有之大变局。在这个变局中全球商业环境加速动荡，变革每天都在发生。以数字化巨头为代表的新型商业组织，正在以前所未有的智商、情商和胆商吞噬着传统的商业形态。传统企业面对的是一群极度聪明、目标极度明确且聚焦的来自本行业之外的入侵者。在某种意义上，他们是一群有组织、高智商的“革命者”。而他们的革命对象就是传统的商业秩序和传统企业。他们比传统企业更擅长营销，更懂得包装，更懂得大众的心理和弱点。

当面对这样一群“入侵者”的时候，传统企业必须做出深刻的转变和反击，因为不如此将被新的商业巨头吞噬，影响到良好的社会经济秩序。我们还记得曾有一个阶段，互联网盛传免费的神话，而现在我们看到，免费的服务越来越少。互联网平台一旦形成了垄断，就会从免费变成昂贵，因为资本的本性是追逐垄断和利润的。

传统企业必须做出深刻的转变和反击，之所以用深刻来形容这种转变，是因为如果你不想打败仗，至少你不能比对手弱。历史上以弱胜强的故事其实不是以弱胜强，因为仅仅考虑了人数、武器等因素，没有考虑士气、战法、民众的支持等因素。传统企业需要反思，对自己的优劣势进行深入的分析，对对手进行深入的研究。既要承认对手的优势，虚心地学习并做出改变；又不能抛弃自身的优秀“传统”，被对手带到完全陌生的赛道或被对手带了节奏。传统企业的优势在于对行业的深刻理解和经验积累，当然还有上层建筑的保护。“传统”不是贬义词，发掘优秀传统，并把它们发扬光大，是传统企业需要做的第一个反思。

我看到很多企业，在受到数字化热潮的冲击后，往往会提出一些比较激进的目标。前文说的美国通用电气公司的例子，我其实并不是特别赞成。它想成为一家软件公司，在我看来是放弃了自己的传统，结果很可能是走上了一条自己完全不熟悉的赛道。事实证明，当时 GE 的做法确实有点激进。同样，我不反对大多数企业都是技术公司的说法，但这个技术不能局限于数字化技术本身。因为数字化技术之外还有很多其他新技术和“传统”技术。传统企业一定要知道自己的宝贵财富是什么。比如风险管理能力可以说是金融机构最核心的能力之一，把产品的性价比做到最优可能是制造企业最重要的能力，把座公里收入水平做到最优是航空公司的核心能力等。这些能力说起来似乎很简单，也很容易做到，但在行业中从业多年的人不会这样认为。他们知道，要实现这些能力，既需要宏观层面的谋划，也需要中观层面的管控，还需要微观层面的操作。哪一个环节出了问题都不行。所以这些能力绝不是在短期内可以获得的东西。

在对自己的优势进行全面分析的基础上，传统企业应该考量这些优势的时代有效性。**有些优势很可能会过时，对于过时的优势也只能放弃。**但有的优势仍然是关键，这就需要考虑如何实现这些优势的数字化。用数字化把这些优势变的更好，更突出。

（五）数字化需要新型数字化技术合作伙伴

产业数字化和数字化产业的发展都需要新型数字化技术合作伙伴，这是由产业数字化不同于传统信息化的两个新特点，即技术平台建设、技术升级需求插件化决定的。其中，技术平台建设有两个层面的工作：第一个层面，企业内部的系统需要平台化的改造，即形成可编排的应用组件，满足业务持续变革、重组的需求；第二个层面，需要建设行业和跨行业互通互联的平台。这些平台的建设需要技术服务商提供新的技术能力。

技术升级插件化，指在企业内部，因为信息化已经完成了技术普遍覆盖的任务，数字化需要解决业务上的难点和技术上的堵点，进行精准提升。精准提升需要应用人工智能、区块链、云计算和大数据。在这些技术应用上，传统技术厂商能提供的套件化的软件解决方案与精准提升的要求不匹配，不能很好地满足需要。新型创业型技术公司的产品具有明显的优势，因为它们的产品大多依托某种独立的数字化技术进行开发，天然具有插件的属性。但是由于创业型公司数量众多，产品品类繁多，需要精准提升的企业很难对这些厂商和产品进行全面的研究和有效的选择。因此，在供方与需方之间，需要有一个“有头脑”的集成商帮助完成匹配和整合。**而传统集成商受到成熟厂商路径依赖的限制，不太容易转型为新型集成商。**

产业数字化的两种新特点呼唤新型数字化技术服务集成商，新型集成商必备的能力是平台实施能力和优质创新资源整合能力。数字化产业发展与信息化的历史发展类似，集成商在其中起到了有效连接、匹配供方和需方的作用，是数字化产业当中很重要的组成部分。而在平台化和数据驱动化的过程中，对技术服务商也提出了新的要求。一方面，那些套件解决方案不太能满足客户的需要，需要灵活、机动的插件帮助客户解决原有系统中的堵点；另一方面，需要有较强的开发能力帮助企业实现平台化的改造。面对这样的需求，市场呼唤新型数字化技术服务商。这样的服务商应该善于发现、理解和整合市场中的优质创新的数字化厂商资源，并能够把这些资源与企业客户的需求进行匹配，提出适合需要的解决方案。从这个角度来说，我们可以把它们理解为新型集成商，用时髦的命名法可以命名为集成商 2.0。它与传统集成商不同，因为传统集成商更多是成熟产品的代理商，集成的成分不是特别多。

向新型数字化企业学习

在反思自己优势的同时，传统企业必须向新型数字化企业学习。平心而论，这些新型数字化企业确实有很多值得传统企业学习的地方。第一，**大多数新型数字化企业都是从“不毛之地”成长起来的，它们的创业过程充满了艰辛和失败。**现在幸存下来的都是数字化产业中的佼佼者，有更多的企业在创业过程中夭折。能够在没有任何“保护”的环境中生存和发展起来（有时候不管也是一种保护），确实有其内在的原因。首先，这些企业具有很强的艰苦创业和艰苦奋斗精神。曾几何时，它们受到社会和传统企业的冷落。我曾亲耳听闻，马云在创业之初，为了想在传统企业做一点项目去拜访客户，被客户一次次拒之门外。但他们没有气馁，而是不断地摸索和探索，最终找到了自己的生存空间，并不断地扩展这个空间，直到他们把许多传统企业的领导拒之门外。在创业的过程中，他们做到了屡败屡战，直到取得成功。

第二，**这些新型公司善于捕捉技术的本质，并把这些本质用于解决社会的**

难点和痛点。当新技术产生的时候，大部分传统企业是比较麻木的，但新型数字化企业在这个方面正好相反。当互联网产生的时候，它们敏锐地抓住了互联网的本质，就是对空间和时间的“再造”。在互联网产生之前，人们需要跨越物理空间去获取所需的资源，互联网则“压缩”了这种空间，使得物理距离不再成为障碍。人们可以通过互联网获取任何想要的资源，如购物、社交、查阅资料，甚至是远程的疾病诊断。我记得在1991年参加工作时，我每次出差最怕的是去找旅馆。因为没有网上预订系统，我只能下了飞机以后沿街去找旅馆。由于差旅费的限制，有时候要问好几家，才能找到合适的房间。这个痛点被携程和去哪儿这样的新型数字化企业一劳永逸地解决了，现在年轻的同事根本无法体会到当时我的难处和感受。还有一次，为了找一个电子零件，我在新街口的电子商店一家一家地问，最后也没有找到想要的东西。到了现在，这些都不再是问题。

第三，**新型数字化企业的组织和管理很大程度上克服了官僚体系的僵化和低效率的问题。**我经历过一次国内的一家互联网公司和银行的合作，互联网公司派出的是产品经理，行政层级并不高，银行派出的是部门经理。大家在一起研讨、碰撞，有了几个不错的点子。互联网公司的人说，我们接下来可以开始干起来了，可是银行的说法是需要请示领导。双方的节奏和流程完全不配套，给合作带来了较大的困难，整体推进非常迟缓，最后互联网公司不得不放弃这次合作。**传统企业的层级式的官僚体系在历史上曾经是非常有效的，因为传统企业打的是阵地战。**在阵地战中，需要先定战略和作战方案，经过层层审批，确保方案的可行性，有效规避风险。这样的体系算不上低效，也很高效。但在数字化的时代，市场动荡加剧，商机稍纵即逝，这样的管理就需要进行变革。

对管理进行变革是最困难的，因为传统的管理方式已经成为一种习惯，要改变一个习惯是非常难的。它需要管理理念的更新，也需要队伍的训练，需要投入很大的代价。新型数字化企业是在成长过程中自然而然地完成了这种训练，而传统企业没有这种训练，管理变革搞不好会变成一场灾难，一放就乱。这是大多数传统企业不愿意接受的。所以要改变企业的文化，这是另一个数字化需要配套的领域。

每一个组织都有其独特的文化，它与企业的出身、历届领导人的风格有直接的关系。**文化没有好坏之分，只有适不适应的问题。**有一段时间，电视剧《觉醒时代》的播出让我们再一次回味了新文化运动。当时陈独秀提出要打倒孔家店，许多人反对，说他要打倒孔子。陈独秀说，打倒孔家店，不是要打倒孔子，需要打倒的是披着孔学外衣的体制与机制。这样的论点很值得我们借鉴。**每一个组织的文化中都有最优秀的东西，在进行文化变革的过程中是不应该一股脑抛弃的。**比如，我过去在国企工作，国企中企业给员工的归属感和员工的奉献精神，都是非常优秀的文化。那个时候，我们加班加点，连续作战，没有加班费，完全由一种责任感推动着。而企业也确实给了我们很大程度的归属感。员工生病了，领导要去探望。员工需要长时间休息，也没被扣工资。企业绝不会轻易开除一名员工，为了帮助员工成长，领导要付出很多精力和感情。这样的文化是一种双向加强的力量，它使得企业可以持续稳定地发展。可惜，这样的文化在一次次管理改革的推动下，被逐渐磨灭。企业和员工之间的关系逐渐成为一种赤裸裸的金钱关系。双方互不亏欠，丧失的却是企业和员工之间的情感联系。

讲这样的故事，我想表明，传统企业一定有其优秀的文化。这些优秀的文化同样是企业的宝贵财富，在进行文化变革时需要保留下来。但传统企业需要吸收新的文化元素。比如鼓励创新、容忍失败、管理为一线服务，以及权力不要过度集中等。更重要的是对新技术的态度，要坚决从麻木型向敏感型转变。使用新技术、拥抱新技术应该成为每个人的习惯和自觉行动。这些文化都是新型数字化企业拥有的优秀文化。

总结

本章我们讨论了信息化与数字化的关系，并对数字化的主要特点进行了概述。在我们的语言系统中，数字化是信息化发展的高级阶段，其关注重点是业务本身的变革和模式创新，数字化应用是在信息化的基础上的平台化和数据驱动，数字化阶段需要新的理念、管理和文化变革。我们简要地对比了传统企业和新型数字化公司的主要差异和不同的信息化道路，总的结论是传统企业必须实现数字化，但应该在保持优秀传统的情况下进行创新。我们必须清醒地认识到，**如果我们以数字化作为信息化的新阶段，在整个信息化的工作中，传统信息化是立足于当前的需求，所以在整体工作中仍然占据更大的比例。可以说，这部分工作的规模相对更大，对当前来讲也更加重要，可以用“大而重”来进行描述。而数字化的工作是面向未来的需求，特别是在数字化转型方面，其在整体信息化工作中占有的比例是比较小的。但因为它决定着企业的未来，决定了未来的前途，所以也是非常重要的，可以用“小而重”进行描述。**处理好传统信息化和数字化转型之间的关系影响到企业的生存和发展，在投入上需要把握一个恰当的“度”。我们当然不能忽略眼前的利益和重要的事，也不能不考虑将来。要把握好“轻重缓急”和“虚实结合”。在当前，信息化的工作要做实，数字化的工作要“虚”一点。这里的“虚”当然不是指没有具体的行动和落地措施，而是更加注重文化的营造和基础的培育，不能过早指望数字化带来可观的收益。如果在数字化方面投入过多，期望过高，甚至是“孤注一掷”，都是不可取的。但是反过来，不重视数字化工作，认为它与信息化工作没有区别，不需要进行必要的提前布局，也是不对的。

接下来的章节，我们将对数字化的各个方面进行深入的分析和分解。

数字化故事二点评

××科技公司的故事是一个基于不同企业事实的虚拟案例。在这个案例中，××科技公司像很多企业一样，对信息化和数字化的关系没有清晰的辨别，因此在科技治理上出现了一定的问题。根据本章的分析，信息化和数字化之间是密不可分的。本书的意见是把数字化当作信息化的高级阶段来看，把两个部分的工作当做整体来看。这样，在人员分工、资源匹配方面就会更加协调。但当作整体来看并不是不加区分地混合在一起。在一个总体下面也会有结构上的分工和侧重，但也存在协同和配合。其实在故事二中，如果CIO和CDO能够很好地协同，也不会出现太大的问题。**但在一个以绩效考核、部门竞争为主要文化的商业环境中，协同并不是可以轻易实现的。所以，合理的治理结构还是必需的。**我在本章中也提到，CIO和CDO的分工也有好的方面，特别是在工作初期，可以更好地发挥各自的积极性，迅速取得阶段性成果。

第三章

平台与数据驱动：数字化的理念

数字化故事三

中信集团是中国大型综合产业集团，是中国改革开放的开拓者和领军企业。中信集团的业务领域包括综合金融服务、先进智造、先进材料、新消费、新型城镇化等五大板块。为了支撑其庞大的业务群，他们正在构建金控、产业集团、资本投资、资本运营、战略投资等五大平台。在“十三五”期间，中信集团总部构建了独具特色的云中介数字化基础设施平台，极大地推动了企业的发展。

我和中信集团科技部总经理张波的缘分可以追溯到2014年，当时他还是中信证券科技部总经理。中信证券正在构建新一代的证券业务平台。在张波的主导下，中信证券采用了非常创新的云、SOA（面向服务的架构）、分布式数据库等技术对传统的证券业务系统进行改造。在当时的历史条件下，证券公司普遍采用行业套件。这些套件的优点是稳定、可靠、实施风险小，但在业务的灵活性方面受到较大的制约。张波针对这一行业痛点，大胆地采用了许多新技术，为行业创新发展做出了突破。后来，他被调到了中信集团任科技部总经理，正赶上“互联网+”战略的实施，在他的领导下，中信集团建立了中国第一个大规模的云中介服务平台。

在上任伊始，摆在张波面前的是一个与中信证券完全不同的局面。在中信证券，作为科技领导人，他直接领导大规模的科技团队，可以自主实施信息系统的建设。到了集团公司，因为中信集团的子公司都有较大的自主权，张波虽然对子公司有一定的管控权，但从集团角度去推动整体的“互联网+”工程，需要更加有智慧的策略。张波的思路很清晰：既要推动整体工作，又不能越俎代庖；既要抓科技治理，也要做好科技服务。面对多业态、发展不均衡的大规模产业集团，需要做的事情很多，但有没有什么可以作为“牛鼻子”的工程呢？经过深入研究和广泛了解，张波找到了“云中介”这样一种服务模式。也就是把各种好的云资源，包括服务器云、数据库云、安全云、应用云等集成到一个平台上，为各个子公司的数字化赋能，同时把统一的标准嵌入服务中，可以推动集团的科技治理工作。他曾经询问我国际上是否有这样的模式。我告诉他，确实有这样的服务模式，而且我也认为，这样的模式特别适用于中信集团这样的企业。后来我帮他找到了这方面的研究资料，他请人翻译了这份资料，让他的团队进行深入的学习和研究。终于，云中介服务平台的方案形成了。

经过了几个月的实施和与不同云厂商的谈判，张波的团队建起了云中介平台，引入了包括华为、阿里、Azure、金山等来自几十个厂商的数百个云服务。可以这样说，中信云中介平台集中了市场上大部分最优质的云服务。中信集团和子公司可以通过这个平台直接获取所需的云计算资源。由于这些资源经过精挑细选和严格的商务谈判，所有使用这些云的子公司都可以以比较低廉的价格获得最优质的服务。在云中介平台的推动下，整个集团的云架构转型率接近80%，为企业的发展提供了灵活、敏捷的技术能力。

把业务做得更好和做更好的业务

上一章我们对数字化的几个主要特点进行了描述，本章将对其中两个核心的特点进行进一步的分析和阐释。我们讲过，在信息化的基础上，要对整个信息系统进行改造，实现平台化的系统和数据驱动的应用。而这种改造，**最终目标不是为了让 IT 系统变得更好，也不是为了把业务做得更好，而是要做更好的业务。**我们区分“把业务做得更好”和“做更好的业务”，绝不是为了玩文字游戏或者概念，而是二者确实是不同的东西。我们通过信息化对业务流程进行了固化、优化，实现了成本的优化和效率的提升，这样我们的业务确实比过去好了，但业务本身并没有本质的改变。因为这一切改变限于现有的业务之内，就像一台计算机经过不断地升级改造，仍然是一台计算机，并没有变成一部智能手机。我们都知道 IBM 曾经放弃了整个 PC 业务，因为在他们看来，PC 业务的优化空间已经到头了，无论怎样优化，每台 PC 的利润都是非常有限的。所以有必要放弃这个业务，而去创造更好的业务。当然，IBM 在转型方面并没有获得很好的成绩，它的转型还在路上。在智能手机代替 PC 在市场上的地位的过程中，IBM 并没有去抓住这个机会，而是转向了另一些更前沿的领域，包括人工智能和量子计算。

我们使用 PC 和智能手机的比喻去说明业务变得更好和更好的业务，这样的比喻含义是非常丰富的。智能手机的核心仍然是一台计算机，但它比计算机更加便于携带、便于使用，而且内置了多种传感器，包括方向、惯性、亮度、温度、位置、摄像等。这些新硬件与新的软件市场结合，提供了大量计算机无法提供的应用，包括导航、运动感知、步态分析等。我们看到，市场上有很多新型的 PC，采用了运行速度更快的 CPU、更大的内存和固态硬盘，这些 PC 价格不高，但容量和速度非常惊人。我们说，PC 变得更好，制造电脑和销售电脑的业务变得更好，但它没有像生产和销售手机那样成为更好的业务。

回到传统行业，如果我们立足于更好的业务，可能需要向苹果公司学习。苹果公司也生产电脑，但在智能手机开发方面引领了行业，创造了更好的业务。因为智能手机的更新速度大大高于PC，带来的销量和利润都是非常惊人的，再加上苹果手机的核心是它的应用商店，这是一个提供软件和服务的平台，依托这个平台，苹果手机建立了一个相对封闭、由苹果公司控制的生产方和消费方的商业生态。在市场上发布应用或使用应用，必须遵守苹果公司制定的规则，而所有在市场上产生销售额的供应商，都需要向平台付费。在应用的智能手机业务中，苹果公司是绝对的主宰，供应商、分销商、用户都得听苹果公司的安排。从商业上讲，这就是比传统业务更好的业务。当然我们也需要对这样的业务保持警觉，因为这也可能形成绝对的垄断，给各方带来巨大的麻烦。

我们当然不能指望所有的传统企业都能像苹果公司那样实现更好的业务，因为那是不可能的。行业中出现一个苹果公司，就会极大地挤占同业的市场。**大多数传统行业不会是一家独大的局面，而更多的是百花齐放的局面。因为竞争充分的市场对社会进步和保障消费者权利都比较有利。**我们需要学习苹果公司，但不是要照搬照抄，而是要借鉴其值得学习的地方，包括两个方面：一是平台业务，二是数据驱动的业务。所谓平台业务，就是依托于平台运行的业务；数据驱动的业务，就是让数据变现的业务。

平台业务

说到平台业务，就不得不先解释一下平台的概念。近年来，平台一词也是使用频率极高的词语之一。但是它在很多情况下是被误用的，有的企业开发了一个应用，比如人力资源系统，就会笼统地把它称为人力管理平台。这样的用法不是很严谨。**真正的平台是具备可复用的基础服务，设定了有效规则，支持用户跨越流程和职能边界，实现资源共享，自建自治的场所或环境。**按照这样的定义，我们可以判断人力资源系统是为人力资源管理流程服务的，不具备跨越流程和职能的特点，所以不能称为平台，而只能称为系统或应用。典型的平台有应用商店、淘宝、微信、今日头条和各种科创平台等。在企业内部，协同工作平台、数据分析平台、云服务以及近两年大火的中台都是比较典型的平台。平台有几种角色是必不可少的，包括拥有者、搭建者、运营者和使用者。前三种角色负责“搭台”，使用者负责“唱戏”。最精彩的部分是“唱戏”，“搭台”者提供了基础的服务和保障。当然，“唱戏”的必须遵守“搭台”者的规则，各方共享平台的成果和收益。

如果业务依托平台运行，并且享受平台的收益，我们就说这样的业务是平台业务。当然，这里更多的是指平台的拥有者、搭建者和运营者的业务。平台的使用方的业务一般不是平台业务。**传统企业要实现数字化，必须能够拥有、创建或运营平台，而基础就在于信息化时代产生的大量应用系统和数据。**就其内部来讲，要把应用系统中可复用的部分和数据抽取出来，建成平台，供内部的各部门使用。比如，在集团型的企业中，可以把用户、订单、产品和支付等功能抽取并集成起来形成平台，各个子公司可以根据业务的需要利用这些基础功能，编排成自己所需的、符合自身特色的应用。在业务部门内部，不同的销售团队可以按照用户的特点和需求，把公司的一些产品进行编排，形成多样化的产品包和配套的服务包。在平台的支持下，业务实现了可编排，使得企业可以根据市场的变化，及时编排出有针对性的产品和服务。比如，当三孩政策出台时，可以快速推出针对三孩家庭的套餐产品。对企业内部来讲，平台提供了业务的可编排能力，打破了部门间的“墙”，提高了业务的灵敏度和创新能力。

传统企业的平台业务更多的是指内部平台。如果能够创建支持外部生态的平台，当然也是很好的选项。但是这样做的难度是比较大的，需要有比较清晰的战略和正确的定位。GE 公司在前几年推出的 Predix 平台是一种尝试，但其在中国的业务没有获得成功。因为虽然 GE 赋能制造业的初衷是好的，但是由于

GE本身就是一家制造企业，与其他企业之间存在着较多的竞争关系，大部分成规模的制造企业不敢贸然使用它的平台，小规模企业的成熟度又比较低，Predix平台对它们来说太复杂，成本过高。可见，大部分传统企业搭建本行业的平台都不太成功。当然也有例外，比如兴业银行下属的兴业数金，利用平台为小型银行（如村镇银行）提供服务，取得了比较好的成果。因为小型银行有需求，自建系统的成本又比较高，所以兴业数金的平台恰好满足了它们的需要，实现了大银行向行业的赋能，提高了小型银行的运营能力。还有一种传统企业具有天然的行业平台特征，比如再保险公司，它们为众多的直保公司提供服务，但与它们之间几乎不存在竞争关系，直保险公司使用再保险公司的平台就少了很多顾虑。这样，再保险公司就很可能成功地建成服务行业的平台，为行业赋能。我了解的中国再保险集团在这方面已经有了非常清晰的战略和初步尝试，也取得了不错的效果，可谓行业中的先行者。

外部平台业务需要尽量规避把竞争对手作为服务的目标，需要保持其中立性。在这样的指导思想下，当前在银行业出现了赋能其他行业的平台。其实银行本身也先天具有平台特性，因为各行各业都需要银行的服务，但银行与它们都没有明显的竞争关系。例如，中国建行构建了十几个其他行业的平台，涵盖从惠农、地方财政管理甚至到慈善等方面。这样的平台可以以免费的形式提供给用户使用，但目的是把用户的资金吸引过来，通过金融服务获得收益。在这方面的先行者还有浦发银行等。这是银行业的一个新赛道，谁先利用平台连接了用户，谁就会成为银行业的真正赢家。银行业提供的平台是免费的，其他服务收费的模式将构建银行业的新格局。在这个趋势下，城商行、中小银行将面临极大的挑战。**因为平台具有极强的穿透力，它会打破区域的边界，使得本地化的银行丧失优势。**这也就要求中小银行加速数字化进程，尽早完成固有领地的护城河搭建。

虽然搭建外部平台并从中获益并非易事，但传统企业还是应该尝试。特别是具有平台特性的企业更应该先行先试，因为这个领域是未来企业的必争之地，一旦失守，企业的生存空间将受到极大的挤压。即使是有竞争关系的企业，是不是也有可能通过平台进行合作呢？答案是肯定的。我有一次和中国东方航空的董事长刘绍勇讨论过这个话题。我们交流了东航的电子商务网站能不能卖其他航空公司机票的问题。刘董事长说他主张这么做，因为这样做有可能实现双赢。这样的魄力确实令人钦佩。其实刻意不销售竞争对手的产品是一种掩耳盗铃的行为，因为当今互联网上有许多第三方网站销售所有企业的产品，价格、服务都是透明的。如果企业自己的产品有竞争力，就不会因为本公司网站销售了竞争对手的产品而导致原有客户流失。当然如何运作还需要更加精细的设计，而精细的设计就离不开数字化的另一个关键要素—数据驱动的业务。

数据驱动的业务

数据驱动的业务的基础是数据驱动的应用。在信息化的初级阶段，人们构建了大量的信息系统，沉淀了大量的数据。很多企业总是叹息自己的数据不够，没法挖掘出有效的价值。其实传统企业已经有了大量有价值的数据，缺乏的是从数据中找到价值的眼睛。比如银行业、保险业、航空业有非常高质量的客户数据，里面甚至包含着行为习惯信息，如果进行独特视角的分析，其价值是巨大的。很多企业一提到数据应用就会马上想到精准营销，当然这并没有什么不对。但是数据的价值绝不仅限于精准营销，有些数据应用的价值会比精准营销更大，比如利用数据进行产品设计。精准营销属于把业务做得更好，而产品设计属于做更好的业务。做更好的业务会比把业务做得更好有更大的收益。

2020 年，由于全球新冠肺炎疫情，许多行业都受到了巨大的打击。在这样的打击之下，许多企业巨额亏损甚至倒闭。在这样的环境中，企业如何尽量减少损失甚至反败为胜？在航空业，我们看到在客运业务巨额亏损的同时，货运业务却超额盈利。当然，这和国际抗疫物资的运输需求大增有直接关系。但是，在这种情况下，盈利水平也会有所差异，而这就是数据驱动造成的差异，货物的编排、定价、配重都需要使用数据进行计算。在客运市场，如何尽量减少损失和保持运营，也需要数据驱动。中国东方航空率先推出了“周末随心飞”业务，业务一发布，就引起了不少的争议。许多人认为这是赔本赚吆喝的买卖，因为这个业务会使固有业务转向随心飞，导致收益下降。但实际上，东航在对随心飞产品进行设计的时候，对客户数据进行了分析。随心飞产品是为了激活原来就不活跃的需求而设计的，并不会影响来自原有客户的收益。

在信息化的初级阶段，我们也可以看到许多与数据有关的应用。比如在数据库中实现检索和查询，实现基本的数据统计功能等。另外比较常见的是利用数据仓库对数据进行挖掘，生成各种报表。在这个阶段，让企业引以为豪的是报表的数量，因为报表种类的多少很大程度上反映了数据仓库的应用水平。坦率地讲，报表是一种比较僵化的数据应用。一般的做法是由业务人员或管理人员提出数据需求，由数据模型专家设计模型，然后对海量数据进行查询操作，并得出结果。但这种应用一般采用的技术仍然是传统的数据库技术，因此数据模型对人工的依赖程度很深。当业务人员的需求发生变化时，还需要对数据模型进行修改，所以获取所需报表的周期都比较长。同时，数据模型还受到业务人员和数据模型专家的理解水平限制。还有一个最大的问题，就是人工开发数据模型的周期比较长，而业务需求变化快，数据模型根本没法满足业务的需要。一方面，我们看到报表的数量不断增加，维护和运营的成本不断升高；另一方面，需求越积越多，开发人员疲于奔命。报表还有一个缺点，就是它属于描述型分析，只能解释过去发生了什么，无法对未来进行预测并给出应对策略。为了解决上述问题，**新的数据技术不断产生，其中具有突破性的技术包括增强型数据分析、自然语言处理以及数据自服务等技术。**

增强型数据分析实际上是把人工智能引入数据分析中，通过机器学习，人工智能可以快速自动识别大量数据中的模式，产生大量的数据模型，并对这些模型进行验证。在人工开发模型的情况下，一个高水平的数据模型专家可能在一年内设计上百个模型，而人工智能可以在几十秒内产生几千个模型，当然是人工无法比拟的。增强型数据分析改变了数据应用的开发模式，人的工作重点转移到对机器学习模型的开发和维护方面，而把业务数据模型开发的主要工作交给人工智能完成。人工智能生产业务数据模型之后，由数据和业务专家对大量的模型进行筛选，从中找出最有用的模型并投入使用。人工智能可以打破人对数据理解的固有框架，找出人无法想到的数据关系。在这种工作模式下，我们看到人工智能增强了人的智能，机器由被动的接受者变成了人的“伙伴”。它可以给人提供建议，在人的“劝导”下进行改进。人与机器实现了“对话”，在对话过程中，机器和人都变得更加聪明。因为有些人工智能的算法天生是用来对未来进行预测的，所以增强型数据分析也支持对未来趋势进行预测，并根据这些预测给出应对的建议。这样，增强型数据分析就把对历史数据的解释发展成对未来的预测和“开处方”。需要强调的是，对未来的预测不是完全可信的，能够未卜先知的技术还没有产生。但机器的预测是可以利用的，因为它具有一定的可信度，有的可信度还非常高。

自然语言处理是另一种数据分析技术。过去大量数据分析需要采用计算机语言，大部分业务不能完成开发。虽然有些可视化的“拖、拉、拽”的应用可以对编程的方式进行补充，但对应用的要求仍然比较高。自然语言处理突破了计算机语言的限制，用户只需要输入自然语言进行查询，所有的处理就会在后台完成并展示出结果。这样的技术使数据应用的门槛进一步降低。而能够完成高质量的查询，背后的技术也是人工智能技术。对人工智能进行开发、训练也需要非常专业的能力，对 IT 人员的水平要求不是降低了，而是提高了。

基于人工智能技术和自然语言处理，数据应用的门槛降低了，也就使数据自服务成为可能。依靠数据自服务门户，业务用户可以根据自己的需要完成各种分析模型的创建和数据分析。这就为实现数据驱动的业务提供了便利。

所谓数据驱动的业务，就是通过应用数据和数据分析，实现更好的业务，包括对业务进行设计、运营和服务。当使用数据成为业务的必要条件和企业的习惯，我们就可以认为企业实现了数据驱动的业务。**数据驱动的业务可以分为两大类：以数据或数据模型为产品的业务和使用数据或模型实现其他产品和服务的业务。**

以数据和数据模型作为产品的业务是最典型的业务，我们经常看到的地图导航、搜索引擎和新闻门户等应用都属于这一类。这些应用在新型数字化企业中占有的比例是很高的，有些企业可以直接销售数据获得收入，有些企业通过开发数据模型获得收入。直接销售数据必须在合法、合规的范围内进行，但由于数据的所有权仍然是一个模糊的领域，直接销售数据的法律风险是一直存在的。比较保险的做法是对公开数据进行组装后进行销售，其价值的产生不在数据本身，而是使用户更容易和便捷地获取数据。比如炒股软件大智慧就是这种应用，市场交易数据都是公开的，但大智慧对数据进行了各个维度的展现，提供了许多自主开发的分析功能，这样就吸引很多人去使用。**这种数据服务其实也是把自有的独特模型作为产品进行销售。**对于非公开的数据，不要直接销售，除非获得了法律法规的支持。聪明的做法是像上面的例子一样，从数据中提炼出数据模型并对外销售。比如通过自有客户数据提炼出客户产品推荐模型，把这个模型卖给需要的企业，而后者用自己的数据和购买的模型生成客户推荐清单，用于自己的营销业务。

销售数据和数据模型取得的成功也是非常可观的。比如我们前面提到的字节跳动，其产品今日头条中的内容大都是互联网公开信息（除去平台上产生的头条号和评论信息），人们可以通过今日头条及时获取自己感兴趣的信息。对于很多人来说，从今日头条获得信息已经成为了一种习惯。当然我们也应该知道，数字化企业的许多做法是有负面效应的。因为它们在产品设计中利用了人的心理，很多应用会使人上瘾。其产品提供的信息也有一定的封闭性，长期依赖这些产品获得信息会导致人的信息获取途径和信息结构固化，形成信息偏见。所以**要坚持从多个渠道、多种来源去获得信息，比如读书或与真正的智者进行交流。**

对于大多数传统企业来说，销售数据和数据模型都是非常不容易的。在国内外，我看到了少量的成功案例，我相信它们的前景是很好的。比如中再集团从保险客户的数据中挖掘出客户推荐模型，把它应用于银行的理财产品销售，命中率相当高。然而，这样的案例并不多，其实现难度也是非常大的。需要设计者具有跳出原有业务思维框架的能力和勇气，还需要企业的数据能够支持对外服务。所以，大部分企业很难在短期内直接通过销售数据或数据模型获得收入。我听一位国外的专家讲过，有一家银行通过出售数据模型，每年获得几十万美元的收入，这已经是最好的案例了。然而，这样的收入水平与银行的传统业务相比简直不具备任何说服力。我的观点是，传统企业直接销售数据和数据模型很难有好的收益，但不排除个别企业取得极大成功的可能性。

绕了一大圈，**我想说的是传统企业还是应该立足于对传统业务的改造和创新**。就像我们上面讲的苹果手机的例子。智能手机的内核确实是计算机，但它绝对不是传统意义上的计算机，而是一个“新物种”。与之对应，我们也许可以这样对传统业务进行改造：银行还是银行，但已经不是传统意义的银行，而是一个“新物种”。这个“新物种”究竟是什么，我们还需要在实践中不断进行摸索和创造。而平台业务和数据驱动的业务是探索的起点和方向，也是必须下功夫的地方。就像对学习武术的人来说，站桩是基本功。我认识几位练习大成拳的师兄，他们告诉我大成拳的套路并不复杂，最关键的功夫在站桩上。站桩练好后，再练习套路会很容易。而他们练站桩的合格标准是可以连续站桩 24 个小时。**我们把平台业务和数据驱动的业务的功夫练成了，再结合自身业务的特点，扬弃传统的核心能力，就可以把传统业务变成一个“新物种”，实现数字化。**

平台化和数据驱动是变化之术

我们知道平台化和数据驱动是数字化的核心特征，看起来似乎数字化很容易实现，其实不然。**平台业务的目的是实现企业的可编排，即根据市场和大环境的变化进行变化。这修炼的是变化之术，而变化之术是不容易练成的。**《西游记》中的孙悟空从他的师父菩提祖师那里主要学了两个功夫，一个是七十二般变化，一个是筋斗云。学会这两个功夫，就奠定了他成为齐天大圣和斗战圣佛的基础。但是孙悟空的修炼过程是很艰难的，菩提祖师有很多弟子，练成七十二变的似乎只有孙悟空一人。**根据达尔文的进化论，生物的进化经历了漫长的过程，每一代只能实现一点点的变化，特别是在硬件上。所以我们千万不要以为建成了技术平台或中台，就实现了数字化**。因为这些东西仅仅是最容易实现的基础，如果企业愿意投入，用不了两三年就可以建成。但成为平台化的企业绝不是这么容易的事。

数据驱动是同样的道理，不要以为有了数据中台和各种数据应用就实现了数据驱动。最关键的是企业的基因需要有相应的改变，包括思想、组织、人才、文化等全方位的改变。而有些改变是需要流汗、流泪甚至流血的。我们知道，英国从农业社会进入工业社会的过程中，曾经剥夺了农民的土地，强迫他们变成产业工人，经过了流汗、流泪和流血的过程。后来，泰勒在实施科学管理的过程中，同样经历了这些。如果我们还没有经历过这些，想轻松地实现数字化是不现实的。

沿着这条路走下去，并实现各种相应的转变，企业会变成什么样子呢？我们可以有各种各样的描述，包括业务灵活、适应力强、持续发展等。而在技术上有一个名词，叫数字化孪生组织，就是企业会演变成物理组织和虚拟组织的双胞胎。这两个组织是相生相伴、互相促进、共同进步的，同时又是一个整体，是统一和协调一致的。物理组织可以由数字化组织实时反映，数字化组织可以随时对物理组织进行优化、编排。**想象一下，有一个这样的组织应该是非常“可怕”的，传统的非数字化组织在市场上恐怕根本没法和这样的组织进行竞争。**

然而，出现这样的组织不一定是一种进步，从商业的角度来看当然是一种进步，因为这样的组织效率更高、商业收益更大。但这样的组织对人的幸福感来说，充满了不确定性。因为这样的组织可能会带来人的“异化”，同工业化一样。也许资本会获得更大的收益，但劳动者并不一定能获得幸福感。也就是说，技术的进步、生产方式的进步并不一定意味着社会的进步。社会进步是人类有组织、有目的地选择的结果。就像当今西方世界的发达国家仍然存在大量贫困人口，没有有效的社会管理是不可能消除贫困的。我坚信，在中国这片土地上，因为制度的优势，数字化向善是可以实现的，其负面影响也可以被控制在最小的范围内。

因为数字化一定是为下一个更高级的阶段打基础，那么下一个阶段会是什么呢？我们也可以稍微展望一下。关于这方面的讨论有很多，有人说是数智化，有人说是智能化。最近两年，忽然出现了“元宇宙”的说法。我对这些名词和术语并不反对，但我觉得与其纠结于这些名词，倒不如从技术的本质出发去推测。在可预见的未来，对人类影响最大的技术肯定包括人工智能、区块链、量子计算、增强现实、生物工程、新能源、新材料等。与信息化密切相关的是前四种，我想人工智能会是影响最大的技术。人工智能将实现与其他智能体的连接，整个组织、企业甚至业务生态、城市的运行都在人工智能的控制之下，实现人与人、人与物和物与物高度协同。当然，完全实现这个阶段还需要相当长的时间，但我们现在已经看到了很多局部的实现，包括无人工厂、无人码头、城市大脑控制的智慧城市等。未来这些系统将全部连接起来，形成一个整体，实现真正的“自运行”。数字化所做的一切，将成为未来的基础。

数字化故事三点评

故事三中所说的云中介平台虽然看起来是一个技术平台，但其深层次的影响是促进企业平台化。通过全企业的平台应用，部门之间共享数据、客户和资源都成为可能。在这个平台之上，各个部门、子公司之间可以实现协同、业务统合、供需对接甚至是业务共创。在第一个阶段，中信集团的云中介服务主要是内部平台，但随着应用的扩展，我了解到这个平台现在已经成为对外服务的公共平台。这样的平台与一般云厂商的平台相比，具有独立、第三方的性质，平台化的特征会更加明显。对用户来说，有了更多的选择，同时管理的复杂度降低了。**当前，国际上出现了一种新型的服务商——服务集成商，其主要的作用就是帮助甲方把不同的服务集成并管理起来。**国际最佳实践 SIAM（服务集成和管理）对这种服务进行了总结，对企业应用这些服务提出了指引。

第四章
连接与智能：数字化技术及其本质

数字化故事四

A公司是一家综合金融公司，其业务范围包括银行、保险、财富管理和平台服务等，公司的愿景是成为一家高科技公司。公司的董事长是一位科技“发烧友”，对于任何的新技术，A公司都勇于拥抱、采用，并把每一次新技术的应用当成公司的市场机会。

这一天，董事长通过一份杂志了解到区块链在西方发展很快，特别是比特币的出现，可能会给金融行业带来颠覆性的变化。他敏锐地捕捉到了这条信息，立即给CIO布置任务，要求他在一个月内拿出公司的区块链战略。CIO接到这个任务后非常紧张，因为他对区块链了解得很少，当时也没听说国内有提供区块链的技术公司。于是他紧急召见公司的顾问，希望了解更多的信息。顾问给出的意见是，区块链技术还很不成熟，不需要太激进，只要保持对这种技术的追踪就可以了。但这样的建议让CIO不满意，因为它无法满足董事长的期望。

A公司不是一般的公司，它有着广泛的信息渠道和情报系统。通过与海外的信息渠道取得联系，CIO接触到了大量区块链的“专家”。但专家的意见非常不一致，有的建议A公司马上开始开展区块链的项目，有的和顾问类似，建议先追踪一下进展再说。既然有专家给出了可以马上开展项目的建议，CIO感觉值得一试。但当时国内没有提供区块链技术的公司，只能先和国外的公司合作。A公司获得了区块链的源代码，在专家的指导和帮助下，很快完成了区块链的开发，并且在模拟环境中完成了大量的交易，其速度远远超过国外公布的数字，已经接近传统数据库的运算速度。于是CIO完成了区块链战略的制定，希望成为在中国提供区块链服务的供应商。

董事长对CIO制定的战略感到满意，对区块链的测试结果也很欣喜，以为公司已经在区块链的开发方面取得了重大突破。于是公司对外宣布了这一突破，引起了市场的一片羡慕之声。但是接下来的进展就不那么顺利，因为国内的市场还不成熟，需求很少。即使在公司内部，区块链在完成测试之后也没有找到合适的场景进行应用，只好用它替代了某个数据库的应用。这样的应用其实没有实际价值，只不过是用新技术实现了老技术的功能，也就是“新瓶装旧酒”。而且效率不高，成本也大大增加了。这个项目唯一的收益似乎是为公司带来了市场上科技领先的口碑。其实，在A公司类似的事情有不少。许多新技术都是在不成熟的情况下被引进，成为市场营销事件，但实际收益不大。

本章我们将讨论数字化技术并挖掘其本质。这些年与数字化有关的新技术可谓层出不穷，为了便于记忆，有很多简化的称谓，比如“云大物移”。在这些称谓的背后，也许有几百种具体的技术。了解这些技术对实现数字化当然是非常重要的，但因为技术众多，也很容易让人迷失。特别是在自媒体的推动下，为了某些商业利益，许多技术都被冠以“颠覆性”的头衔。**认识技术不应该人**

云亦云，而是要洞察各种技术的本质及其独特性，分析技术背后给业务带来的能力到底是什么，并把它们和数字化愿景结合起来，为“我”所用。

云计算

云计算的概念至少存在超过十年了，在新型数字化企业，云计算的设施发展很快，应用非常普遍。但在传统企业中，真正意义上的私有云并不多，大部分采用的是虚拟化技术，处在基础设施即服务的层次。出现这种情况其实有其历史的必然性和合理性，因为云计算的形式并不重要，重要的是实现数字化资源的灵活、高效的交付。我们知道，云计算是一种技术的提供方式，特点是随需、高效、安全。用户不需要关心计算资源在哪里，或者由谁提供，甚至具体采用何种技术，在需要的时候可以方便地获取计算资源，不需要的时候可以方便地停止使用。曾经听一位国外的专家演讲时说，世界上没有云计算，有的只是别人的计算机。对于云计算，用户不需要拥有它，只要能够使用它就可以了。

从随需、高效、安全的角度来讲，虚拟化技术是可以满足基本需求的。当然，它既然作为一种服务，其服务流程和质量同样需要支持这些要求。我的一位同事专门研究云计算和基础设施，在一次交谈中，我们讨论传统企业的云计算困局，他说：**“虚拟化加上 DevOps 就是适合传统企业的云计算模式”。这样的论点可谓精辟！**我们看到，许多企业在云计算的路上非常大胆并具有雄心，投入了大量的人力、物力。有的采用了基于 OpenStack 的技术，有的直接引入了微软的云技术，但是在真正使用过程中面临的苦处实在是不少。因为这些技术需要很专业的能力去维护，很多时候需要编代码，给企业的 IT 人员增加了工作难度和工作量。所以说，云计算不好玩。新型的数字化公司的技术能力和传统企业可以说不在一个层次上，对于它们来说很自然的东西，对传统企业就完全不是一回事。

我并不建议传统企业把太多的人力投入云计算平台的维护上，因为我一直认为，**企业内的 IT 人员应该重点关注业务，理解企业的业务和文化，为业务带来直接的价值**，而不是过多关注技术本身，要和 IT 服务商的技术人员在技术上一较高下，因为多半会失败。传统企业的 IT 人员的技术经验与 IT 服务商的技术人员比较起来是比较少的。当然，企业内部 IT 人员的技术水平也可以很高，但应该体现在对本企业系统的熟悉、对业务的深入理解等方面。可以说，IT 服务商的技术人员是比较纯粹的技术人员，而企业内部的 IT 人员更多是复合型的人才。我在企业担任 IT 管理人员的时候，就这样要求我的员工。我说："如果你只专注于技术，也许你应该考虑到 IT 服务商那边去工作。"

传统企业构建云计算能力的时候应该从业务需求出发。数字化的一个目的是让企业实现可编排，也就是要把 IT 系统平台化、能力化，把各种业务能力封装起来、暴露出来，支持业务的快速变化和重组。**从这个角度出发，也许大多数企业不需要实现公有云水平的私有云。对那些在安全、合规和战略方面确有要求的应用，采用比较务实的私有云来实现；对其他应用，尽量采用公有云来实现。**这里所说的私有云，包括纯粹的私有云，也包括本地化的公有云。本地化的公有云是云服务商推出的一种新型的服务模式，即把公有云安装到用户的数据中心中，其所有权可以属于用户，但日常的维护、运行全部由云服务商负责。这一方面解决了用户对公有云安全性的担忧，同时也解决了用户端技术能力不足的问题，还基本保证了云上的技术与市场最新技术保持同步（一般技术更新会比公有云晚一些，但问题不大）。本地化的公有云实际上是私有云，只不过采用了公有云的技术。这种服务模式尚在发展当中，能否如用户所愿还需要谨慎观察。使用公有云的技术和服务与使用其他 IT 服务一样，用户方可以"省事"，但是绝不会"省心"。这要求我们对技术机制和原理有很深的理解，对服务商的维护流程进行有效的管理，绝不能让云服务变成"黑盒子"，否则会出现各种问题，包括技术问题、违法违规问题等。

我们使用公有云或本地化的公有云，都会面临被技术锁定或系统性风险。系统性风险指的是云服务商全面衰落或退出市场。新型的数字化企业虽然可能很风光，但其面临的经营风险是比传统企业更大的，对它们来说，对企业战略的调整有时候是一夜之间的事情。所以传统企业在使用云服务的时候，一定要意识到有这样的风险存在。在签署合作合同的时候，要为应用可能的迁移设定必要的条款。更保险的做法是至少同时使用两个云服务商。当然，这会给管理带来进一步的难度，但是为了规避系统性风险，这种难度的增加是必要的。

千万不要相信云计算可以降低成本的说法，这在道理上是说不通的。虽然规模效应可以带来成本的下降，但技术复杂度以及市场结构固化也很可能带来成本的急剧攀升。但我们坚信，云计算可以带来灵活、高效、安全的资源获取方式。如果企业的业务发展有这样的需求，使用云计算就是必然的，为之进行必要的投入也是应该的。为了实现灵活、高效、安全的资源获取方式，可以采用各种合理的技术组合和模式组合。传统企业可以考虑从虚拟化＋ DevOps 开始做起，然后尝试使用公有云，最后建立本地化的公有云。**最好不要采用对现有基础设施推倒重来的方式，把云计算做成一次性的浩大工程。**

关于公有云，许多企业都有安全方面的担忧。我觉得这种担忧是有道理的，尽管我的观点和许多专家和机构的观点不一致。我本人在企业从事信息化管理工作多年，与各种各样的服务商和厂商都合作过，说实话我很尊敬这些厂商的技术能力。但是，我对它们的运维管理能力和人员稳定性一直不看好。传统企业，特别是大型传统企业的业务和 IT 系统都非常复杂，要想保证安全，既需要宏观的管理，也需要微观的控制，任何一个环节出了问题都会导致安全事故。所以虽然云计算在技术方面有先天安全性，如容灾的支持、应用漂移等，但流程和运营上的安全是没法先天保证的，还是需要企业自己“费心”才行。

大数据

与云计算一样，大数据早已不是什么新鲜事了。大数据概念本身也经过了不少的扩展，起初专指非结构化的数据，后来把结构化的数据也包含在内，再后来把数据分析、管理、处理都包含进来了。**我们现在可以认为数据+分析就是大数据，因为太过强调数据种类和技术平台的差别已经不太有必要了。**过去我们知道处理大数据需要Hadoop，现在许多其他传统的数据库也发展了，可以处理大数据。把数据库直接放在内存中的内存计算、各种新型的分布式数据库和新型的数据管理、分析工具已经可以支持海量、多种类的数据存储、处理和分析。我们在前面已经讲过增强型数据分析和自然语言处理等突破性技术，在这里就不再重复。

大数据的本质是什么呢？它到底给业务带来了什么能力？大数据是基于数据分析为业务带来实时性洞察的技术。基于数据分析是很好理解的，因为有一种信仰叫“万物皆数”（这是古希腊毕达哥拉斯学派的观点），人们相信通过业务的数据化，可以实现数据的业务化。这在很大程度上是一种可靠的方向。我们后面会对这个问题进行进一步探讨。因为新技术的采用，处理数据的量和速度都获得了极大的提升，过去我们需要用两周时间去运行一个查询，现在可以用几秒钟实现，这就给我们带来了实时的数据洞察。我们知道，现在的体育比赛已经广泛应用了这样的洞察。在数据科学家和大数据技术的支持下，篮球教练可以随时对场上的战术进行调整。比赛已经不再仅仅是人与人之间的较量，还是数据和分析技术的竞赛。在业务领域，大数据可以使业务领导实时了解企业的运行情况，对未来趋势进行预测，并及时提出调整措施。

大数据是如此地吸引人，但坦率地讲，在传统企业，数据的应用水平其实是很有限的。我拿一个当前被认为科技水平较高的保险公司做例子来说明这个问题。我在车险临近到期的几个月里，不断接到这个公司保险经纪的电话，建议我早点续保。我告诉他们，我会在到期的前几天使用 App 自己续保。但是电话还是不断地打来，直到我坚持不住，只好让一个经纪帮我完成了续保。我以为该消停了，没想到，几天以后的周末，我又接到了一个自动语音电话，仍然提醒我按时续保。这个过程显然没有实现实时的数据洞察，有几天的滞后性。我并不想批评传统企业在数据应用方面的发展水平，**我只想强调，数据和数据分析在数字化领域是最难做的。**差不多十年前，我和一个电信企业的数据专家交流，他曾经把数据分析描述成信息化工作的至高境界。此言不谬！

物联网

物联网技术是里程碑式的技术。为什么这么说呢？在物联网技术出现之前，计算机的数据输入是“半在线”的。数据需要人工预处理，然后再录入计算机中。但物联网改变了这种方式，使数据输入变成“全在线”的。物联网设备可以实时获取模拟世界的数据，自动完成转化并输入到计算机中。这既加速了数据获取的速度，也提高了数据的密度。物理世界更多的信息被输入计算机中，物理世界在计算机中的“画像”会更加清晰。所以有人说物联网提高了计算机对现实世界的分辨率。

二十年前，我开始转行从事信息化工作。我问了自己一个问题：我们从事的信息化工作到底在做什么？我当时的答案是用计算机建立业务的运行模型，以便对业务进行观察、改进。这个答案现在看起来并不完整，但还是比较好地反映了信息化的一个侧面。现在在物联网的帮助下，我们构建的运行模型更准确了，不过离完全反映现实还有很大的距离。但我认为，完全反映现实永远也不会实现，因为既无必要，也无可能。

在信息化的初始阶段，实现了人和事的连接。有了物联网以后，人、物、

事都连接起来了。所以说物联网是具有里程碑意义的技术。它使得“二体”变成了“三体”，而我们知道“三体”是一个复杂系统，可以带来无尽的可能性。物成为生产者，也可以是消费者。现在已经有了这样的商业模式。比如我们开车通过高速收费口时，如果安装了ETC，整个收费和结算过程是不需要人介入的。这就是物成为消费者的实例，今后越来越多这样的实例会出现。当前已经有大量的电器，包括冰箱、电视、灯具、空调等都实现了联网。用户可以更方便地控制这些设备，在数据应用的支持下，优化这些电器的使用，实现节能、时间管理的目的。厂家可以利用这些数据了解设备的使用情况，即时调整产品策略，激活用户或设计新的产品。

物联网提高了物理世界的数字化程度和便利性，所以可以把物联网的出现作为进入数字化阶段的里程碑。**出现物联网以后，特别是物联网与互联网连接以后，我们就说信息化进入了数字化阶段。**在这之前，人机相连的信息采集点最多有几十亿个，而物机相连实现后，信息采集点增加了几倍、几十倍甚至是几百倍，**能够数据化的对象大大增加，这才是数字化。**物联网给传统行业带来了新的动力，特别是过去那些物理设备密集型的行业，比如制造、交通、物流等行业。可以说，越是物理设备密集型的行业，数字化的空间越大。例如，我发现在我居住的地区，许多餐馆配备了送菜机器人，厨房把菜准备好以后，放在机器人的托盘上，机器人就会把菜品送到客人的餐桌旁，然后由服务员把菜端到桌子上。这个应用中其实没有什么人工智能，主要的技术支持是物联网，因为每个桌子旁边都有一个定位的信标，机器人实际上是循着信标找到的目的地。

当前物联网应用方面还处于起步阶段，各种传感器仍然需要进行改进和降低成本。有很多使用物联网“走弯路”的情况发生。比如，为了在候机楼里更好地管理行李车的分布，有些企业在机场和行李车上安装了物联网设备。因为投入比较少，应用的范围有限。而有些企业走了另一个路径，就是使用摄像头作为位置采集的“传感器”。在候机楼安装大量的摄像头，通过摄像，对图像进行识别，很容易画出行李车的分布图。工作人员在分布图的指引下，可以迅速对行李车进行重新布局。这样的做法是很聪明的。**我也主张物联网的应用不要受到工程思维的限制，总是想从设计新的设备出发，因为这会产生巨大的投入，周期也会很长。**比如，在当前有大量的煤气表尚未完成物联网改造，给自动抄表和自助购气带来障碍。北京燃气公司就开发了一款App，用户可以拍照抄表，并通过写卡器自助完成购气和输入操作。这样也使原来的煤气表具有了某种“物联网”能力，在很快解决了痛点的同时，大大降低了成本。未来，物联网设备在规模化生产之后，成本会越来越低，到时再实现真正的物联网就比较符合业务的需要。

移动应用

移动应用是伴随着3G网络技术蓬勃兴起的，在此之前，虽然也有不少手机厂商提供一些移动应用的支持，但由于带宽的限制，移动应用并没有成为一种潮流。2007年，3G移动网络开始被大规模商用，人们发现，把应用安装到手机上真的带来了极大的便利。人们可以摆脱电脑的束缚，使用手机完成大量的信息获取和生成工作。当前中国已经进入5G时代，也有很多关于6G的讨论和实验。其实3G的使用是划时代的事件，后来虽然网络速度越来越快，但带来的变化远没有3G带来的大。比如3G可以满足大部分应用的需要，虽然4G确实使应用的速度变得更快，如可以支持更加流畅的视频播放和更快速的查询，但本质上的提升并不明显。

5G有一些值得一提的特性，比如更低的网络延迟、更高的终端连接密度和支持更快的移动速度等。低延迟让自动驾驶等应用的安全性进一步提升，还能改善增强现实带来的眩晕感等。更高的连接密度可以支持物联网设备的连接，避免在人流密集地区可能产生的网络繁忙等问题，并支持更快的移动速度，使手机在高速移动的交通工具，包括高铁、飞机上可以实现与外界可靠的连接。5G的高带宽也会改变应用的界面模式，过去以表格、文字和图片为主要内容的界面会进化到以视频互动作为核心内容。

移动应用不仅带来使用上的便利，还改变了人的工作和生活习惯。手机成为人最亲密的“伴侣”，产生了大量的“低头族”。对开发者来说，应用开发从网站优先变为了移动优先。也就是在应用设计的思路上首先要考虑移动应用，只有在必要时才会在网站上提供少量必要的功能。有很多新的应用甚至根本没有网站。

在企业的移动应用开发问题上，经常引起争论的是开发统一多功能应用还是开发众多小型应用。如果在几年前，这个问题的答案是很简单的，因为我们一般会按照西方移动应用的做法，开发出众多小型应用。因为，按照国外专家的说法，小型应用更方便使用。但是任何技术在不同的土壤中会产出不同的“果实”。众多由各个部门开发的小型应用总会刺激中国管理者的神经，因为从管理的角度看，这样的模式必然造成各自为战、功能重复等问题。从用户的角度看，这种模式也会让人无所适从。比如，一家银行如果有太多面向用户的应用，就会让用户搞不清应该使用哪个App。所以，**我们看到越来越多的大而全的移动应用，这也是中国企业在移动应用方面开辟的一条新路。**许多企业把对客户或用户的应用整合为少数几个功能完整的App，也取得了非常好的应用效果。可见，**大而全与易用性之间并不存在天然的矛盾，以易用性为主要理由的支持开发众多小型应用的理论可以休矣！**比较理性的做法是根据用户角色划分应用，比如针对普通使用者和专业使用者分别开发两个应用，其中给专业使用者提供更专业的工具，给普通使用者提供简单、快捷的功能。这样的规划思路也体现了整合与分散之间的平衡，既不能太分散，也不能极度集中，在可管理的原则下尽量实现移动应用的整合。

人工智能

到此终于可以讲讲更加时髦的技术了。人工智能是近几年的热词，当然现在也很热。因为学术的需要，我对人工智能的历史和现状做过比较多的功课。人工智能的历史有几十年了，不是什么新鲜事，而且历史上也曾经有过几次人工智能的热潮，人们曾经认为人工智能可以解决一切问题，但最终还是一次次失望了。因为计算机算力不足，许多人工智能的算法根本不能有效运行并产出结果。近年来，由于算力的大幅度提升和数据量的积累，人们再一次相信，人工智能的奇点即将到来。但事实真是如此吗？应用人工智能的企业可能有很多无奈需要表达。

在某些领域，人工智能的应用确实有很好的效果，如图像和视频识别、语音识别、语音生成、语言翻译等。各种与人脸识别有关的应用，包括门禁、移动支付、身份认证等都有非常普遍的应用。我们也看到语音转文字的应用变得越来越可靠，许多企业开始使用具有该功能的软件进行会议记录。在诸如喜马拉雅的应用中，我们听到越来越多的接近人声的机器朗读。在语言翻译方面，我们可以快捷地获取可读的翻译结果。人工智能在以上这些方面虽然远远谈不上完美，但只要应用得当，确实可以给企业带来切实的收益，比如减少人力投入、提高工作效率和降低人为差错等。

还有一些领域，虽然很少用到人工智能，也会被归为人工智能的应用。比如无人工厂、无人码头和无人仓库等。这些应用使用了大量的计算机编程技术和自动化技术，也采用了少量人工智能，取得的效果是非常惊人的。**这也给我们一点启示，在技术应用方面，切忌“为了技术而技术”，最重要的是应用的实用性和效果。我们仍然可以以传统的编程技术为主体，在局部使用人工智能技术，采用组合的方式实现人工智能的应用。**这使我想起了我在企业内负责运维工作的时候，专业技术人员经常会陷入一种“技术情结”之中。当出现故障的时候，很多高级专家特别喜欢从原理上进行分析，有的时候分析很长时间也找不到故障所在，导致了长时间断网或宕机。后来我要求大家在遇到故障的时候，应该首先考虑恢复应用，在保留日志和痕迹的前提下，尽快对系统进行重启或复位，把原理分析放在事后进行。这样的做法，解决了绝大部分问题，大大缩短了故障恢复的时间，保证了系统的可用性。

应用人工智能也应该避免类似的"技术情结"。我们应该清楚地意识到，大部分问题不需要使用人工智能就能被很好地解决，只有上述一些特殊领域中，人工智能才能带来差异化的效果。我们应该在这些关键环节上使用人工智能，而不是放弃传统的编程技术，非要采用人工智能。

人工智能当前仍然处于发展的初期，虽然在某些专用领域人工智能确实已经远远超过了人类的智能，包括下棋、手术、模型发现等方面，但我们应该知道，人工智能和人的智能是有本质差别的。人们用一些数学算法实现了人类某些智能的功能，但这不是人类智能本身。有很多科学家和厂商正在致力于开发与人类智能实现方式类似的智能，比如仿照人的大脑的神经网络芯片，类似心灵感应的脑机接口等。但是，**实现真正的与人类智能类似的通用人工智能还有很长的路要走，因为人类对于自身的认知还尚不完全，也就谈不上制造接近人类的智能。**

虽然与人类类似的通用人工智能离现实还很远，但并不妨碍数量有限的、已经成熟的技术实现"惊人"的应用。我们已经看到"数字化雇员"在一些企业中出现，替代了某些人工，或者为员工提供支持，使人可以从事更有价值的工作或把工作做得更好。这里就涉及了人工智能到底是取代人类还是增强人类的问题。从理论上讲，人工智能是完全可以取代人类的。但从人类的角度来看，这需要许多相应的改变和适应。比如，人被替代以后去做什么？如果没事做，怎样获得收入？大量无所事事的人会引起什么社会问题？所以，我个人的主张是用人工智能增强人类的智能（Augmented Intelligence，增强智能），英文的简写恰好也是 AI。在没有形成配套的改变策略和适应策略之前，采用增强智能的路径也许是更加合适的。

在人工智能的应用方面，还需要讨论一下机器人流程自动化（RPA）。这也是比较热门的话题。RPA 一般从对单一任务的自动化入手，比如数据的录入或信息校验等。随着越来越多的任务实现自动化，某些业务流程就会实现自动化，并最终实现全业务的自动化。比如保险的投保、理赔全链条均不需要人的介入。同样，实现这样的自动化并非全部依赖于人工智能，通用编程技术仍然是主要的技术。

有一类与人工智能有关的技术，就是各种智能机器和机器人。小米推出了一款能够自己移动的“电子狗”，它可以听懂人的指令，并完成比较简单的任务。智能机器和机器人的使用，也需要人做出相应的改变，有些是业务规则甚至公共规则的改变。比如有的无人车可以完成送快递的任务，公共交通规则就需要进行相应的调整。**其实人类习惯的调整也是技术带来的最大的变化之一，我们看到许多机器人在营业厅中落满了灰尘，并不一定是这些机器人不能完成必要的工作，而是人类还不习惯与其进行互动。**这反映了一个问题，就是应用场景超前于人的习惯改变。我在家里使用了小度音箱，用得最多的功能是让它打开电视机和播放音乐或新闻。其实它也可以帮我完成开灯、关灯之类的操作，但我还是习惯于用手去开关灯具。**可见，人工智能的应用重点在于找到合适的应用场景和应用的方式。**比如使用人工智能完成客服电话的外呼，就是一个效果非常好的应用场景。首先让人工智能客服进行外呼，接通电话以后与用户进行简单的对话，当发现用户有特殊需求时，再请人工客服加入，提供更专业的服务。

区块链

区块链的应用领域有很多。比如使用区块链存储关键信息，可以保证信息不被篡改或删除。而这也恰好是区块链的核心特点，即数据不能被修改或删除，只能增加。不能删除或修改数据，就可以做到全程留痕，防止具有特权或超级权限的人违背规则。这是通过技术机制保证管理机制的典型应用，这样的机制可以在更大程度上保证规则公平执行。比如，机动车违章记录不会因为有特权就可以被删除，如果想免于处罚，必须遵守必要的流程。当然，这样的机制也有不好的方面，比如有一些信息（如网上的不当言论）确实需要删除时就很难做到或完全不能做到（公共链）。

区块链的其他主要特性还包括去中心化、共识机制和智能合约等，这些特性是区块链的附加特性。也就是说在传统的数据存储方式中，这些特征也是可以实现的。去中心化是一种分布式存储技术，每一个存储节点存储的内容都是一致的，也就是说，区块链的每一个节点都有一个数据存储的副本。所有节点的地位都是平等的，不存在中心控制节点。这种结构其实与互联网的开放性是相符的，只要符合规则，任何人都可以接入网络，成为网络的一部分。由于区块链上的节点都是平等的，当所有节点达成一致意见时，数据才可以被记录下来，这就是所谓的共识机制。具体也有不同的规则，比如多数一致原则和全面一致原则等。共识机制可以取代传统交易领域中中介的作用，交易双方直接进行交易，交易的确认不再依靠第三方中介机构，而是由区块链的共识机制完成。这意味着未来的社会中，起到中间人作用的许多机构和行业，包括部分银行的职能将不再被需要。智能合约是一个令人兴奋的技术，它可以把合同或协议变成智能的（计算机可执行的代码），当符合约定的条件成立时，合同规定的动作自动完成。比如，企业不需要再为了收取货款发愁，因为一旦货物运抵买方指定的地点，并完成约定的验证，买方可以通过区块链完成自动付款。

区块链是一种影响深远的技术，通过技术机制解决组织机制、运营机制和管理机制上的壁垒，可以解决当前存在的许多难题。比如在金融领域，区块链可以改变必须有第三方参与的结算、跨境转账等业务。在民航业，由于航班运营的不同主体之间缺乏足够的信任，数据一致性一直是一个行业难题。仅就航班正常率来说，机场、航空公司和空管所掌握的数据来源不同，数据的定义也不统一，又无法使用统一的数据库，所以当航班出现不正常的时候，没有哪一方可以说清楚航班什么时候可以起飞。有了区块链，几方主体可以把数据存储到区块链上，把数据规则用智能合约的方式确定下来，就可以提供可靠的、具有一致性的数据。

区块链的发展至今仍处于初级阶段。虽然在前几年，区块链的概念被炒得很热，但它现在似乎慢慢失去了热度。在失去热度的背后，是区块链务实应用和发展的事实。在中国尤其如此，国家和地方政府都在有序推进区块链的应用。对企业来讲，应该保持对区块链的重视，顺应国家和政府发展区块链的节奏。我相信，在中国这片土壤上，区块链可能实现比世界其他地区更有意义、更加领先的应用。未来，区块链将发展成数字化最重要的基础设施，因此企业必须能够适时跟进，以利用新型基础设施的优势。

新体验

与体验相关的技术是另一类数字化技术，包括虚拟现实、增强现实和各种用户体验设计等。在过去，信息化工作更多关注于某种功能的实现，很多的时候忽略了用户的体验。现在人们都意识到了用户体验的重要性，许多组织已经有专门的人员负责用户体验设计，但传统企业在这一方面仍然有很多的不足之处。**体验本身就是价值，不仅仅是表面上看到的“好看”和“易用”。**随着人们生活水平的不断提高，人们对体验的要求也越来越高，同时也愿意为体验付费。据统计，2021 年的虚拟现实设备的保有量已经达到了 2000 多万，虽然与手机和电脑的数量有很大差距，但这个数量与互联网爆发初期（20 个世纪 90 年代末）的电脑的保有量已经很接近了。也就是说，虚拟现实设备的增长已经到达了爆发的起点，今后将会以更快的速度走进人们的生活。结合软件编程和新硬件的支持，虚拟现实设备将为人的体验带来更多的可能性。**也许有一天，不支持虚拟现实和增强现实的大多数应用将失去吸引力并被迫退出历史舞台。**

最近元宇宙的概念开始大火，这很大程度上是炒作。但其背后也确实有很强的现实意义。其实元宇宙早已经在互联网中实现了，我们大多数人不但生活在现实世界中，也同时生活在虚拟世界中，而且这两个世界是交织在一起的。我们都有一个或多个网名或身份，在网络上交友、参加社区活动或参与游戏。**虚拟现实和增强现实技术只不过使得虚拟世界更加逼真，让虚拟世界和现实世界的界限变得更加模糊而已。**这样一种趋势要求企业和组织对自己的产品和服务进行重新设计。一个企业如果不能提供虚拟世界的体验，其产品的范围将在很大程度上被制约，产品会丧失虚拟体验的那一部分价值。因此，好的策略也是要及时跟进，回到数字化的初心，对业务进行重新设计。

数字化空间和数字化孪生组织

数字化空间和数字化孪生组织这两个概念是对应的。利用各种数字化技术打造出来数字化空间，包括智慧城市、智能社区、数字化工作场所等，目的在于发挥数字化技术的优势，为人们提供更多的便利和体验。而数字化孪生组织是这个数字化空间的镜像，所有在数字化空间中的实体都会在数字化孪生中有一个与其保持一致的虚拟影像。根据数据粒度的不同，这个影像的清晰度会有所不同。比如，可以通过数字化孪生了解网点的实时运营情况，包括客户的排队情况、业务的办理情况，甚至是每笔业务的收益情况等。**但数字化孪生与纯粹的影像不同，因为影像只能被动地反映实际情况，无法控制数字化空间中的东西。数字化孪生却可以做到实时的控制。**比如水务管理部门可以通过水系的数字化孪生及时掌握水量的分布情况，并在数字化孪生中下达指令，对水流进行调度。

这里有必要说明一下数字化孪生和元宇宙的差别。数字化孪生是现实世界的影像，依赖于现实世界而存在，要受到现实世界的限制，而元宇宙是凭“空”创造的虚拟世界，不需要受到现实世界的限制，人们可以根据想象创造任何情景。

在企业中，数字化工作场所是一个很重要的东西。当前，大部分中国企业并没有把它当作一项专门的任务来建设。可以从两个例子来看这个问题。每个企业都有几个设备先进的会议室，可以进行投影、播放视频和召开视频会议。但我没有看到任何一个企业的会议室符合数字化工作场所的要求，因为每次打开会议室的设备都是一次“冒险”，由于操作过于复杂，随时可能出现问题。有的是投影仪投不出图像，有的是远程会议室无法和本地进行对话。如果把智能语音控制系统引入会议室，用户只要发出自然语言的指令，就可以完成会议室的设置，就更像数字化空间了。当然，如果做得更好，可以安装自动会议记录系统、智能语言翻译系统等。另一个例子是，虽然每个员工都有一台电脑和一部手机，但需要访问的应用太多了，而且大部分应用并没有针对这个员工进行定制，所以使用起来非常麻烦。这显然也不符合数字化工作场所的要求。正确的做法是把数字化工作场所看做一项专门的任务，进行统一的设计，整合各种设备和应用，为员工提供所需的、便利的应用和设备，让员工可以在任何地点、任何时间有效地开展工作。

安全和隐私保护技术

在数字化阶段，由于信息的密度、实时性大幅度提升，网络空间变得日益复杂，安全和隐私保护变得更加重要。随着物联网的接入和数字化孪生的产生，安全问题开始涉及到人身安全和生产安全。例如，美国发生了煤气公司的网络勒索事件，导致大规模供气中断；人们的隐私也可能遭到泄露和滥用。为了解决这些问题，新型的安全技术也被发明出来。

比如在安全领域，将人工智能引入对网络安全态势的感知和分析中，创造了适应性的安全架构。虽然此前人们在网络上安装了大量的安全信息采集点，但由于采集的数据太多，使用人工根本无法对这些数据进行有效的分析，因此人们对安全事件的响应都是被动的。当引入了人工智能，人们就可以对网络态势进行模式分析，有效区分出正常的安全状态和风险态势，从而提前做出响应。还有通过引入专业的安全情报，可以及时掌握互联网上攻击的趋势与不法组织的行为模式和特征，制定有针对性的策略进行防范，变被动为主动。

其实在网络空间安全方面，一个最大的变化就是安全边界发生了根本性的变化。过去，企业和组织都有清晰的网络边界，而现在由于移动化的发展，这个边界已经不再有固定的位置。记得在 2002 年，也就是我加入信息化队伍的初期，我遇到了一位顶级的信息安全专家。我向他请教信息安全最重要的是什么，他的回答是要划清安全的边界。在当时，这个答案无疑是准确的。但到了今天，这个答案已经不再适用。当前是以身份作为安全边界的时代，也就是说，将安全策略和技术与身份进行绑定，如果可以对身份进行有效验证，那么，这个人无论在哪里，他所获得的权限都是一样的。

在传统的技术框架下，隐私保护问题是一个悖论。**当我们决定使用互联网和手机的同时，我们的隐私权就在很大程度上丧失了。**比如我的位置信息，电信运营商和手机厂商是了如指掌的，更不用说大量不法应用开发商在应用里埋下了数据采集功能。我认为，**从技术角度彻底解决隐私保护问题是不可能的，我们可以依靠的更多是法律的保护。**但技术上确实也有一些手段可以在某种程度上解决一些问题，比如隐私增强计算、痕迹擦除、隐私数据随身存储等。痕迹擦除技术是指个人信息数据在使用后及时从应用数据库中自动删除的技术。比如现在许多企业都使用人脸识别技术识别访客，访客预先在要去访问的企业备案身份信息，当天通过人脸识别技术进入企业的办公室。当访问时间过期后，所有的个人信息将从企业的访客系统中删除。隐私数据随身存储技术是把个人信息存储在手机上，当需要登录应用进行验证时，应用从手机上调用信息。这样，应用数据库中不再集中存储个人信息。

数字化技术综合应用情景设想

我们对数字化的九类技术进行了简要的描述，对每类技术的主要特征和应用策略进行了分析。**但如果我们孤立地看待这些技术，将是一种非常不正确的方法，**因为这些技术实际上是互有交叉的。在数字化技术应用的过程中，这些技术也需要进行综合应用，才能达到更好的效果。接下来我会通过智慧交通场景来描绘这些技术组合应用，以便更好地展示数字化技术带来的效果。在这个场景中我做了一些大胆的假设，有些可能不符合现有的交通管理理念。我需要声明的是，这个场景只是为了更好地展示数字化效果的一种假设，不一定是正确的。

交通拥堵问题对于每一个大型城市都是难以解决的问题。就我居住的城市北京来讲，这个问题似乎更加突出。我居住在北京的郊区，在市区上班，主要通勤方式就是驾驶车辆。我通过行车电脑过去几年的数据发现，我的车辆的平均时速一直在 40 千米 / 小时左右。北京高速路的限速是 100 千米 / 小时，一般道路限速为 70 千米 / 小时，我的车速看起来远远触及不到限速。也就是说道路的设计时速完全没有发挥出来，造成大约 50% 的公路资源被浪费。有时候，**我堵在路上，看着一望无际、缓慢移动的车流，就会联想到大禹治水。**我经常想，难道道路拥堵的问题真的无法解决吗？我从事信息化和数字化工作这么多年，难道在这个问题面前技术也无能为力吗？终于有一天，我想到了解决交通拥堵的方法，其指导思想是实事求是、权利公平、数据优化。

实事求是指的是城市的路网容量是有限的，不可能有大幅度的扩展。人们对出行的需求和拥有车辆的渴望也是现实的，不能用“堵”的方法去限制，只能进行有效的引导。

权利公平指的是所有人都有出行和拥有车辆的权利，采用“摇号”分配牌照的做法剥夺了一部分人的权利，方法的公平带来了结果的不公平。因此应该赋予每个家庭购买车辆的权利。这样一来，汽车的数量势必会进一步增加。如果不加疏导，将使交通变得更加拥堵。所以要把购车权利和驾车上路的权利货币化，主动让渡这些权利的人可以从中获得收益。

数据优化指的是把路网、交通流量和上路权数据化，根据路网的容量和交通流量动态分配上路权。在流量小的时间段和路段不做限制，在流量大的时间段和路段按最大经济通行流量确定最大上路权的数量。比如，在某一时间段的特定路段内只能有 2000 辆车辆上路。可以把这些上路权按照人的居住地和工作地点进行加权平均分配。需要经常在这一路段行驶的车辆可以获得更多的上路权，对偶尔需要的车辆只分配少量的上路权。具体如何分配，就需要建立城市交通的数字化孪生，用实际数据进行模拟，直到可以符合经济通行流量的要求。上路权与时间段是绑定的，如果不需要在该时间段上路，就可以把自己的上路权放在权利交易平台上进行交易。这样，**把车辆拥有权和上路权分开，所有人都可以获得公平的权利，同时交通拥堵的问题也会得到有效的解决**。为了防止特权操控数据，要使用区块链作为权利交易平台的基础技术。在这个时间段没有上路权的人出行可以选择公共交通或者拼车服务，这也需要平台技术的支持。

随着物联网技术和人工智能技术的应用，无人驾驶车辆会越来越多。路上的车辆可以和路网进行“协商”，选择最优的路线和行驶速度，也会提高道路的通行能力。还有一种场景，当一辆车需要赶时间，它可以向其他车辆购买路权，愿意为其让路的车辆可以获得它付的费用。当然这些交易都是通过区块链平台的智能合约自动完成的。

放开车辆购买也会造成停车难的问题，有必要为人们的基本购买权（比如每个家庭一辆车）建立停车场。超出这个基本购买权的需求，需要额外付费。这个费用就用来扩建停车场。有些家庭自己不需要购买车辆，也可以把自己的基本购买权对外转让或出租，从而获得收入。这对低收入家庭来说也可以成为一项稳定的收入。

整个解决方案的要点在于以不造成车辆的严重拥堵为底线，设定车辆上路权的最大值，虽然每个家庭都可以拥有车辆，但在某些时间段和路段的上路权是有限的。

这个解决方案几乎用到了我们上面说的所有技术。而这样的智慧交通场景给各行各业和个人都带来了变化和机会。汽车制造企业需要制造可以智能联网和通信的车辆，管理部门需要构建数字化孪生对交通进行管理，金融服务部门需要适应这样场景以提供金融服务，数字化公司需要建设交易平台支持交通的运营。结果是汽车销售的数量获得提升，交通通行效率获得提高，上路权交易也带来了不小的交易额。既提高了产值和交易额，又降低了交通堵塞带来的时间和经济成本。

循着智慧交通的解决思路，我联想到一个人的基本财产权问题。一个人出生以后，有些权利应该是内在的，包括房屋拥有权、车辆拥有权、基本的衣食权和墓地的拥有权。社会应该保证这些基本权利的公平，当然这些权利的基数应该与国家发展水平相匹配，超出基本权利的其他权利应该由个人付出额外的代价。

数字化技术的本质

在对数字化技术进行简要的分析和场景设想的基础上，有必要反思一下这些技术的本质，即这些技术到底带来了哪些业务上的能力变化。数字化技术可谓数量众多，大的类别不下十种，小的类别也许有上千种。对于这些技术，如果不进行必要的反思，必然会迷失其中。**如果跟着炒作和流行趋势跑，既不会获得收益，也会浪费大量的人力、物力。作为企业和组织的领导者，最怕的是人云亦云，不知所云。**基于我的观察和认识，**数字化技术真正带来的能力包括连接力、洞察力、自动化以及更好的体验，当然安全是与这些能力配套的。**但是，这些能力对不同的组织的意义和重要性是不同的。作为组织的领导，一定要知道这一点，不能把所有的东西都当成重点，结果会是丧失方向。

连接力是最重要的能力之一，我们从通过一根电话线连接到通过网络连接，再到通过平台连接，经历了不断加速的过程。可以连接的内容也越来越丰富，最早是文字，之后是语音，再往后是图像、视频，甚至是实物。有效的连接改变了组织以及个人之间的距离，相当于空间的折叠。距离缩短了，花费时间也就变得更少了。在新冠肺炎疫情期间，我欣喜地发现，医疗远程诊断变得非常“接地气”。我去药店买药（应该是处方药），药店的工作人员马上用一个应用连接到医生，医生在询问情况后远程开出处方。如果没有高效的连接，这样的情景是不可能出现的。过去遇到这种情况，药店要么违规卖给我药，要么就把我赶到医院去。我需要走更多的路程去看病，到了医院还要挂号、排队，需要花的时间不知道要增加多少倍。所以今天的便利是连接力，特别是平台的连接力带来的。

在数字化阶段，我们所讲的连接力重点指平台的连接力。通过平台把利益相关方连接起来，把组织的上下游、用户、合作伙伴等都连接起来，形成一个有机的生态整体，对有些组织和企业是至关重要的。哪些企业应该把连接力作为自身的发展重点呢？我觉的是那些具有平台化特征的企业，比如银行、保险公司等。银行和保险业是社会经济的基础设施，需要为各行各业提供服务，平台化的属性非常明显。所以我认为对于银行业和保险业来说，当前和未来一段时间内，数字化的重点就是通过平台进行连接，要深入场景进行连接。特别是银行业，因为业务的实时性要求高，银行如果不能有效地连接生态，必然会被行业所淘汰。首先把现有的客户连接起来，许多银行已经完成了这个步骤；接下来就是深入地去连接生态，通过构建或与行业平台合作，尽快完成对某个生态的“嵌入”。对于有些行业，特别是那些平台化特征不明显的行业，连接力也许并不是关键能力。我也看到了许多制造型企业致力于生态或平台的打造，特别是公共平台的打造。作为一种业务创新，这是无可厚非的。但这是否会给企业的业务本身带来真正的提高，我持保留态度。当然也欢迎这个行业的读者和我进行讨论或批评我的错误认识。

洞察力是数字化技术带来的另一个关键能力，主要是数据技术和人工智能技术带来的。对那些业务优化潜力巨大的行业来说，洞察力应该是最重要的，比如航空业、保险业等，在产品设计、客户分析和运营优化方面都大有可为。在保险业，业务的本质是对风险的管理，企业通过数据洞察可以获得更好的风险管理能力。有一次我到汽车4S店给汽车贴膜，和工作人员聊天的时候，他和我谈起今年有一次下冰雹，为了防止汽车被砸坏，他们花了几个小时的时间把新车都移动到展厅和车间内，避免了损失。而隔壁的4S店因为没有采取类似的措施而损失惨重。听到这个事件，我马上想到保险公司一定损失惨重。可以说现在的天气预报还是比较准确和具有前瞻性的，但是保险行业并没有有效地利用气象数据。如果能够利用类似的数据，帮客户做好风险管理，势必减少保费的赔付，避免不必要的损失。

自动化能力对于那些人力密集型和容易出差错的企业是最重要的，包括制造业、快递行业等。现在大量制造企业已经有了高度自动化的生产线和仓库，说明其对自动化十分重视。但在许多其他人力密集型的行业还有很大的自动化空间，好在利用自动化解决问题被大多数企业所认识，在这个能力上应该不需要谈论太多。

更好的体验在当前比任何时候都重要，特别是对直接面向消费者的那些企业和组织而言，比如零售、娱乐、餐饮业等。在这个方面，许多企业做得都不错。

但是要想做得更好，必须对新技术进行更深入的研究，对业务进行重新设计。

综合以上分析，当前连接力和洞察力是最关键，也是差距比较大的能力。当然自动化和更好的体验也是很重要的。企业需要结合自己的行业特点，抓住重点进行提升，特别是抓住那些决定成败的能力，作为必争之地进行建设。

数字化故事四点评

A 公司在新技术引进方面属于比较激进的公司，作为一家高科技公司，这是一种优秀的品质。不同的公司对新技术应该采取不同的态度，传统的公司一般应该采取稳健和审慎的态度。因为它们是新技术的使用者，不是新技术的开发者。但对于高科技公司来说，情况恰恰相反，它们往往在新技术刚刚出现的时候就参与进去。但是故事中 A 公司的做法也有不完善的地方，正如本章的分析，区块链最大的价值在于在缺少信任的环境中创造信任，参与方越多，其意义越大。而 A 公司在一开始并没有认识到这一点，把区块链看得和其他技术一样，认为自己只要开发出来，就会有市场。但对于区块链来说，打造生态远比产品本身重要得多。在过去的几年里，我们发现中国出现了不少区块链联盟，这就是对生态要求的回应。A 公司是一家优秀的公司，其学习能力超强。据我所知，它现在也是一个联盟的发起方和参与者，在区块链的推广和应用方面取得了不小的成就。

第五章 演进与开创：数字化的路径

数字化故事五

中再保险集团是中国唯一以再保险命名的保险集团，作为保险行业的底座，为中外保险公司提供再保险业务。保险公司在获得保单以后，根据法律法规的要求，需要为这些保单购买保险，以分散风险，称为再保险。中再保险集团对数字化工作非常重视，在2018年发布“数字中再1.0”战略规划，提出“聚资源、建平台、造生态”的数字化转型思路。在2020年，中再保险集团完成了“数字中再1.0”的任务和目标。其行业赋能平台，包括巨灾平台、建筑业赋能平台和健康管理平台等初步获得了市场的认可，并为集团带来较大的经济效益。面向“十四五”新发展阶段，中再保险集团于2021年12月发布了“数字中再2.0”发展规划，提出“以客户为中心、以场景为导向、以智能为内核、以生态为协同”的新发展理念。

中再数字化战略的主要设计者和执行者是冯键博士，

他曾就职于国际著名咨询机构，后来在中再保险集团“落地”成为一位“居庙堂而忧其民”的数字化领导者。他在任科技中心总经理伊始，就成功地化解了新核心系统的实施危机。但他的理想远高过化解危机，而是通过保险科技重塑保险行业，进而推动国民经济中“难题”的解决。他敏锐地观察到，随着大数据、人工智能、物联网、区块链等新技术的发展，保险行业将发生彻底的改变。现在的保险业以“保风险”为业务使命，但未来，技术将大大提升客户自身的风险管理能力，减少其对保险的依赖。保险行业与其等待那一天的到来，不如主动从“保风险”转型为“管风险”，帮助客户管理风险。要实现这样的目标，必须依托科技能力。他的意见获得了集团主要领导的认同和全力支持。

关于数字化的路径，中再保险集团采取了双模式。一方面，信息化部门更名为信息技术中心/创新孵化中心，兼具数字化渐进发展和开创新业务管理两个职能。另一方面，中再保险集团成立了巨灾科技公司，开发新平台为行业赋能。冯键博士身兼两职——中心总经理和巨灾科技公司的总经理。巨灾科技公司从海外、国内招聘了各种专业人才，采用社会化用人机制。其中有两位从美国回来的博士，帮助开发中国的巨大灾难模型。这个工作在国内是开创性的，因为过去中国没有巨灾模型，保险公司只能使用国外的模型。但因为国外的模型是基于国外的灾难数据构建的，和中国的情况不匹配。冯键认为，数字化要解决社会问题，填补国内外的空白。巨灾模型只是他们开创的第一个模型。在此基础上，他们建立了巨灾管理平台，为保险行业对灾难风险定价提供基础算法。

从移动应用开始数字化

回顾数字化的历程，我们发现大多数企业的数字化是从移动应用开始的。在数字化推动的过程中，互联网企业起到了引领和刺激的作用。在国外，这些企业是以亚马逊、苹果、谷歌为代表的，而在中国，阿里巴巴、腾讯、百度等互联网公司则代表了这股力量。传统企业忽然发现，原来应用可以在手机上运行，而且感觉上比在电脑上运行更加方便和快捷。我在第一次使用平板电脑的时候，最深刻的印象是开机速度竟如此之快，界面的布局竟如此酷炫。当时我就想，看来电脑要被淘汰了。后来的事实却并非如此，电脑并没有被淘汰，而是在信息产生和加工方面仍保留了重要的位置。而平板电脑反而变成了一个鸡肋型的东西，成为电脑和手机的附属品。

苹果在 iOS 的基础上，推出了应用商店。谷歌发明了安卓操作系统，之后也推出了应用商店。在这些应用商店里，开发者贡献了数以万计的应用。虽然大多数应用用户数量不多，但总有一些应用成为人们装机必备的东西。很多人使用微博，特别是“90 后”。许多“90 后”哪怕是在微信推出以后，仍然过了很久才接受它，在此之前他们宁可使用微博和 QQ。2012 年，我在参加一次由 ThoughtWorks 举办的敏捷开发工作坊的期间，结识了一位国内最早的敏捷教练。他在演讲中说，有了微博，谁还会发短信呢？我忽然意识到，手机这个东西变成了一个平台，它打电话和发短信的最基本的功能可能要被各种应用所替代了。从此，我开始使用微博，并且使用微博的私信功能给朋友们发信息。那个时候我每天用得最多的就是微博，我会时不时地打开微博看一看，有没有什么新的消息或新闻。后来，我开始使用手机导航。一开始我还把它和车载导航混用，渐渐地，我发现手机导航远比车载导航更加方便和准确。之后，随着微信的发布，我开始使用微信。当时我偶然发现，微信里有那么多我许久没有联系过的朋友。后来我才意识到，微信是通过手机通讯录帮我找到这些朋友的。接下来用得比较多的应用是炒股软件，我发现手机上的炒股软件比电脑上的还好用，操作简便、信息明了。当然，我后来也开始在手机上使用京东和淘宝、支付宝购买所需的物品。近几年最让我迷恋的是今日头条，在海量的垃圾信息中找到对我有用的东西成为一种令我上瘾的“游戏”。

在以上的回顾中，大部分应用都是互联网公司开发的。但也有例外，就是炒股软件，这是由证券公司开发的。其实由证券公司开发 App 是一个具有代表意义的事件。**当我们看到一个 App 出现的时候，我们不应该把它当成一个独立的事件，必须意识到这背后有许多做法和证券公司相同的企业。正如当我们产生一个想法时，不能认为那是我们个人独有的想法一样。**因为，我们实际上代表了一群有类似想法的人。传统企业开始开发移动应用，标志着传统企业数字化的开始。我还记得在 2013 年，我与国际航空电信联盟（SITA）的一位研究移动战略的专家在办公室进行了一次交流。因为双方的时间不好凑，我和他的会面是在下班以后，当时是冬天，窗外已经黑下来了。我们借着室内不太明亮的灯光，在我的白板前开始了交流。他给我勾画了航空业移动应用战略的场景框架，纵轴是各种角色，包括飞行员、乘务员、地勤、签派、机务人员等，横轴是工作场所，有办公室、机场、机坪等。之后不久，该公司就开始了移动应用的开发和部署，有用于办公的移动办公应用、给机组人员使用的飞行准备应用等。我那时候最切身的感受是有了移动办公以后，自己可以随时随地批阅公文，更好地利用碎片化的时间，提高了办公的效率。

迄今为止，移动化技术给企业和社会带来了巨大的影响和变化，其他数字化技术也难以比拟。以至于在某个阶段，当谈论起数字化的时候，很多人会马上如数家珍地谈起他们的移动应用。这一点当然是合理的，**但我们必须清楚地知道，移动化并不是数字化本身，而只是数字化的一个侧面，或者说是数字化的一种展现形式。**正如本书开篇的分析，数字化是利用数字化技术对业务进行变革和创新。其中最重要的是业务，而不是某个应用或技术本身。我们可以问问自己，有了最好的移动应用，使用了所有的数字化技术，是不是就可以保证企业立于不败之地，保证企业可以在激烈的竞争中取得决定性胜利？我相信大多数人对于这个问题的回答都是否定的，回答肯定的人内心也会有很多的动摇。既然数字化是业务变革和商业模式创新，需要改变的东西就会有很多。我们会在之后的章节里对这些改变逐一进行分析。但现在，我们还是先来分析一下，如果进行数字化，应该采用什么样的方法和路径。

数字化路径

我有一位前同事，他是非常优秀的分析师，曾经提出数字化转型的路径。我挺喜欢这个路径的描述方法，但不完全同意具体内容。他的描述是数字化转型始于业务与IT的融合，中于业务与IT的共同探索，终于商业模式的创新。这里的“始于”“中于”和“终于”是我从中国《孝经》关于“夫孝，始于事亲，中于事君，终于立身”的说法中提炼出的。他原来用的是“开始于”“过程是”“结果是”这样的词语。有心的读者可能发现，在这本书中我很少使用“数字化转型”这样的术语。不使用这个术语并不是我不同意转型的概念，而是我认为“数字化”这三个字已经包含了转型的含义，因为在中文里“化”就是变化的意思。**而把数字化转型定为商业模式创新我觉得是有点不完整的。特别是对于大多数企业来讲，商业模式的创新并不是很容易的事，它意味着对本行业的颠覆。而且，许多商业模式是不需要创新的，因为它们是久经考验的，经历了历史的选择而被保留下来，生命力是无比顽强的。**

记得在几年前，我参加一次国际化的技术博览会，和一个国际著名厂商的参展人员进行了一次对话。这个厂商是一家综合型的技术厂商，我参观的展台是它的数据中心展台。当时，云计算炒得正热。我对这位参展人员说：“数据中心建设不是热门的业务，你们考虑怎样转型？”他的回答是：“不管怎样转型，数据中心建设都会是一个业务，一个稳定的业务，所以我们要继续做下去。”他说得不错，我们看到，这几年新的数据中心建设从未停步。与数据中心建设类似，许多业务都将长期存在，数字化是要把这些业务变成更好的业务或把业务做得更好。我不反对使用数字化转型的术语，为了突出变化的激烈性和彻底性，使用“转型”二字确实更有冲击力。同时，我也不否认有些行业确实必须转型，否则必将被淘汰。比如传统的能源行业，在新能源发展的过程中，我们能预见未来新能源汽车将取代燃油车，生产燃油的企业就需要转型，去生产和销售新的能源。新能源的提供方式也会发生变化，比如过去是加油，以后可能是换电或者是换能源包。还有保险行业，随着大数据应用的深入，当企业对风险的管理能力不断提高，对保险的需求也会大幅度下降甚至不需要保险，那么保险行业也就需要从"保风险"变为风险管理提供商。

无论什么企业，都面临着如何把业务做得更好或者做更好的业务的问题，所以都需要数字化。那么，采用何种数字化路径就需要具体问题具体分析。但大多数选择不外乎两种，即演进式和开创式。**对于那些本行业业务比较稳定，并且长期稳定的企业，选择演进式数字化路径是比较好的；但那些已经面临切实淘汰风险的行业，选择开创式数字化路径则是比较恰当的；对于那些对未来充满不确定的行业，两条路径都需要选择，只不过需要主要选择演进式数字化路径。**但无论如何，依托本行业和企业的核心能力都是非常重要的。有本管理书中有这样一句话，**任何人对组织的改变都不能超越企业自身的变异能力。**我对这样的说法总体上是认同的，每一个企业的变化都受其自身特质的制约，有固有的变异能力。任何变化都不应该不受任何限制。《西游记》中孙悟空与二郎神斗法时，孙悟空变成的寺庙被二郎神识破。因为孙悟空有一条尾巴变不了，只能把它变成旗杆放在寺庙的后面。可这就露馅了，因为如果有旗杆也应该放在庙前。我们可以想象丑小鸭变成白天鹅，但我们无论如何也不会去想象一头大象变成一只猴子。

最近看的记录京东方历史的书《光变》对我很有启发。京东方的前身是国营电子管厂，在国家科技发展和建设的历史中曾经做出重大贡献。但是在国有经济转型和新科技浪潮的冲击下，企业面临倒闭。为了生存，京东方做过各种业务，甚至卖过茶叶。但它最终转型为液晶显示器和科技园区的供应商，实现了重生。**我们看到，这两个新业务与其传统的业务是有直接联系的，虽然看上**

去相去甚远。

演进式数字化路径之下，企业一般不需要对组织进行彻底的变革，只需要对某些职能进行加强，并在技术应用的推动下对工作的方式和流程进行调整和适应。这样的路径关键在于适应性，只要能够适应外部的变化，不断发掘和利用技术带来的新特性，就可以保证企业不断进步。只要外部环境不出现突变，就可以持续生存和发展。当然，**选择这种路径的缺点在于企业有可能丧失新技术带来的一些具有决定性的机会，比如成为云服务商、物联网平台供应商的机会。但坦率地讲，这些机会本来就不属于大部分企业，而属于那些在新科技浪潮中诞生的新企业。**

开创式数字化路径是在企业意识到原有业务将被彻底颠覆的情况下必须采取的路径。在这种路径下，企业一般需要开创一些新业务，配套的是需要创建新的业务实体组织。我们看到大量的传统企业成立了科技公司，背后的逻辑就是如此。但非常遗憾的是，也有相当数量的科技公司是跟风的产物，并没有清晰的开创新业务的战略。在开创式数字化路径之下，企业原有业务的重点是维持其稳定性，不进行大规模的改造。投入资源探索，创建新的业务，并使新业务不断成长，直到有一天新业务的规模超过传统业务，传统业务逐渐被新业务吸收。开创式数字化路径显然是非常难的，能够取得成功的并不多。**开创式数字化路径需要的是创业者和企业家，而大多数传统企业并没有真正意义上的创业者和企业家。**这种说法一定会冒犯许多企业的领导人，因为他们会认为自己就是创业者和企业家。但实际上创业者是从零到一的开创者，也是从一到多的发展者，而大多数传统企业的领导都是在已有的基础上推动企业发展，擅长的是从一到多，不擅长从零到一。另外，企业家是那些终身以创办并发展企业为使命的人。当他们完成了一个企业的创建和发展基础后，会选择开创新的企业。就这样多次循环，所以他们才成为企业“家”。

演进式数字化路径

演进式数字化路径一般是从引进新型技术应用开始的。虽然我们可以获得大量关于技术如何对业务进行改造的信息和资讯，但如果不亲自尝试，就不能很好地了解新技术给自己的企业带来的是什么。比如在早些年，在新技术的推动下，许多企业都开始建设企业级数据仓库。可以说，在当时，大部分企业对于数据仓库的业务含义是无知的。但我们应该认识到，无论如何，在当时引进数据仓库的决策是正确的。因为正是在建设过程中，经过不断地摸索，同时伴随着人才的成长，数据仓库的实际价值才得以被发掘出来。数字化技术对于大多数企业来说都是新的、陌生的技术，几乎没有人在一开始就很清楚这些技术的业务意义，因此采用小规模的尝试，并在积累经验教训的基础上放弃一部分技术，同时扩大一部分技术的应用，才能实现新技术的价值。**不建议在开始的时候就颠覆式或者大规模地引进新技术，除非是那些已经非常成熟、有大量行业应用的技术。**这与信息化上一个阶段的技术引进有很大不同，在那个阶段，国内的大部分新技术应用起步比较晚，新技术在国外已经应用多年，并取得了很好的效果。因此人们不需要太多的尝试，直接引进新技术也不会出现大的偏差。**数字化时代不同，大部分新技术对于全世界都是比较新的东西，与业务相结合都需要摸索的过程，因此小规模尝试是必要的。**

写到这里，我想到了自己参与过的一些企业的数字化战略制定工作。有的企业在制定数字化战略时，仍然沿用了信息化战略的思路，希望在给定的业务需求的前提下导出确定的战略规划，结果却不是令人满意的。**如果把数字化战略单独拿出来进行规划，应该特别小心不要套用信息化战略的老思路。**在信息化阶段，需求相对稳定，有成功的案例可借鉴，解决方案也比较成体系，所以采用需求导出的方式是合适的。但在数字化阶段，以上三个条件都发生了变化，需要有新的策略。首先数字化的需求是不确定的，从业务实现的角度来看，大部分需求已经在上一个阶段获得满足。如何利用数字化技术对业务进行变革和创新，业务人员难以有清晰的认识。因此，小规模引进技术进行摸索就变得非常重要。数字化的成功案例是很少的。有很多企业的领导问我，有哪家企业的数字化是成功的。我的回答是很少或者没有，因为大家都在路上，没有完成数字化的征程，如何能够说是成功的呢？数字化同样没有成系统的解决方案，在信息化的上一个阶段，我们看到所有的规划都会生成一系列的任务包，有 ERP、CRM、OA 等应用系统。但在数字化阶段，这些同样是不具备的。所以，有的企业实际上并没有把数字化战略单独拿出来制定，而是与信息化战略放在一起，采用双轨制，即将传统信息化和数字化创新两部分合成一个整体。我觉得这样的做法是比较好的，这与我认为的数字化实际上包含在信息化当中的观点是一致的。

在对新技术进行尝试之后，企业会发现这些技术对企业的业务到底有什么样的价值。这些价值的发现过程是“练”出来的，即业务人员和 IT 人员在一起进行演练、实践、摸索出来的。价值无外乎是把业务做得更好或者做更好的业务，而要实现这些价值，就需要许多配套的东西。因为把业务做得更好一般意味着做业务的方式发生了变化，也就是运营模式出现了转型，具体来说会包括业务流程、组织机构、人员角色、考核方式等。这些变化又会要求领导力和组织文化做出改变。所以，我认为大部分演进式数字化路径是技术推动或者技术引领的。对新技术的尝试和探索推动了组织各方面的变化，最后实现了把业务做得更好的目标。把业务做得更好会成为一种企业的习惯，在不断提升的过程中，企业会发现一些更好的业务的机会，也就形成了商业模式的创新。我们看看亚马逊的发展历程，可能会有更深的理解。亚马逊起初是在线图书销售公司，后来发展成电商公司，再后来发展成平台型公司，当前又有了世界最领先的云服务业务。运营模式的变革，也就是把业务做得更好是持续的过程，而做更好的业务是阶段跃升的过程。我觉得对于大多数传统企业，能够借鉴这样的路径和方法是非常切实的。**但我们不应该认为演进式的发展是容易的，它的容易之处在于有业务基础，但难的方面也在于此。因为现有的业务一旦形成惯性，特别是形成对市场的垄断以后，反而会成为把业务做得更好和做更好的业务的桎梏。**所以说，演进式的数字化过程是演进的，但变化是彻底的。

开创式数字化路径

开创式数字化路径与演进式数字化路径不同，一开始就没有“现金牛”作为业务基础，所以这种方式其实是创业。我们知道，创业是很难的，绝大多数的创业公司都不会成功，这是冷酷的现实。当然，传统企业采用这种方式，是以保持原有业务稳定为基础，所以与从一张白纸开始创业还是有很大的不同，但其本质仍然是创业。我们看到，在过去几年，许多企业都成立过电商公司，依托互联网销售企业现有产品。这样的电商公司在业务上取得成功的也不是很多，因为它们大多数缺乏创业的勇气与能力，更多需要依靠母公司的现有业务，因为受到组织机制的限制，也不能对现有业务进行有效的创新。所以我认为开创式数字化路径首先要有比较清晰的定位，比如，要做与现有企业业务不同的新型业务。保险公司的开创式数字化实体可以定位于风险管理公司，油气公司的开创式数字化实体可以定位于新能源等。**如果开创式数字化实体业务与现有业务类似，其实不需要采用开创式数字化路径，采用演进式路径就完全可以了。**总之，开创式数字化路径开始于清晰的战略定位。**但我们同时也需要注意，清晰的战略定位并不意味着非常清晰的战略，因为有创业经验的人告诉我们，在创业的过程中，要经历无数次试错，起初的战略往往都被放弃了。**

有了清晰的战略定位，接下来最主要的就是领导力。除了现有企业的领导要有战略眼光和掌控能力外，数字化实体的领导是最关键的。这两个层级的领导力缺一不可，所以说开创式数字化成功的偶然性是非常大的。我这样的观点也许会引起一些批评，似乎是人的因素决定论。但我对这一点是无论如何要坚持的。**作为一个投资者，除了选对行业和方向以外，最重要的是看企业的创始人怎么样，包括他是不是一个具有企业家精神的人，是不是一个道德上比较可靠的人，是不是一个能力够强的人。我们在挑选数字化实体的领导人的时候，也要坚持这样的标准。**有了这样的领导力，数字化实体的开创就成功了一半。之后就是组织文化，要成为一家真正具有市场生存能力的创新型公司，需要适配的文化和理念。

数字化的两条路径，对于大多数企业来讲是都需要采用的，区别在于投入的比例和重视程度不同。一般来说，对于开创式数字化路径的投入要小得多。但对那些转型危机已经迫在眉睫的企业来说，反而需要对开创式数字化路径更加重视，对原来的业务也只好采取维持的做法。从长期来讲，如果想基业长青，几乎所有的企业都需要开创新的业务。我们看到大多数老字号要么倒闭，要么艰难维持，正是出于这个原因。这与一个人生存和发展模式类似。管理书《水煮三国》中曾经讲过一个道理，就是一个人现有的职业相当于去河边打水喝，在打水喝之余，人应该时不时在自家的院子里挖几锹土，目的在于打出一眼水井。这样，当河里没水的时候，自家的井还可以持续供水。

关于传统企业创立科技公司的问题，我还想再多说一点。当前，传统企业成立科技公司已经成为了一个潮流。我对这个潮流持支持的态度，在我看来，成立科技公司对大部分传统企业来说都是数字化的必由之路。但对于科技公司的战略定位，或者说成立科技公司的目的，还是非常有必要进行进一步的审视。许多科技公司希望成为科技对外输出的载体，就这一点来说虽然有机会，但机会微乎其微。大多数企业的科技能力不足以对外输出。对外输出技术能力基本上是把自己放在了红海中进行竞争，因为在市场中已经有大量的科技服务提供商，它们的产品能力、市场营销能力都比传统企业更成体系、更有经验。早在信息化的初期，国外就有一波传统企业创建科技公司的浪潮。例如航空业，汉莎系统、Saber 都是从航空公司分离出来的，但我们看到，至今汉莎系统仍然没有在市场上占有一席之地。Saber的情况要好一些，但与市场上其他的竞争对手比起来，也没有明显的优势。**不是说传统企业的科技公司不能对外输出技术能力，但必须强调，对外输出的东西要有特色，最好是填补空白的技术或应用。**中再保险集团的巨灾模型就是这样的例子。在此之前，中国保险行业没有自己的巨灾模型，需要使用外国的模型对巨大灾害进行分析，但缺点是外国没有中国的灾难数据，所以模型的结果可靠性不高。中再保险集团引进了国际上的人才，利用中国的自然灾害数据开发了巨灾模型，填补了国内的空白。这样的技术就可以较好地赋能行业，从而比较顺利地实现输出。

传统企业不能进行有效的技术输出的另一个原因是市场能力的欠缺。因为，大部分科技公司的人都是企业内部IT人员出身，他们在服务内部客户、把握内部业务方面都有很好的经验。但当需要从市场的角度出发去开发产品、对产品进行推广时，就会发现他们缺乏足够多的经验。当然有些特别有实力的企业创建的科技公司是有可能逐渐形成较强的市场能力的，比如建行的建信金科，规模足够大，应用组合比较完整，虽然短时间内并不见得能在市场上取得太大的成功，但只要坚持战略不动摇，也是有可能在市场上立于不败之地的。

传统企业成立了众多科技公司，扰动了原有的科技服务商的市场，有可能打破原有的竞争格局。有些企业为客户提供免费的科技服务，目的在于获得业务上的回报。这样做的企业也有成功的案例，比如兴业数金利用金融云平台为中小银行赋能的同时，也扩大了兴业银行的产品渠道。**利用科技作为媒介，推广金融产品的方式倒是传统科技公司应该重点关注的方向。我认为这种做法符合“把科技作为业务战略”的真正内涵。**在这样的模式下，大量的现有科技服务商的角色将发生转变，由直接的乙方变成了传统企业科技公司背后的支持者。还有一种模式也值得注意，就是传统企业之间互相提供科技服务，既可以实现双方科技上的收益，同时也可以换来业务上的合作机会，实现双赢。这也是传统企业科技公司可以重点关注的方向之一。总之，在新的格局之下，传统的甲乙方模式将受到冲击。现有的科技服务商应该认识到这些可能性，并适当调整自己的业务战略。

如果科技能力不能输出，传统企业是否应该成立科技公司？我认为答案也是肯定的。我们都知道传统企业的管理模式、发展节奏与科技公司有很大的不同。可以这样说，传统企业的组织机制是对科技能力发展的一种制约。因为传统企业有比较“完善”的公司薪酬激励机制，无法有效招揽到最优秀的科技人才，也不能留住人才。所以，创立科技公司可以提供与市场对接的人才机制，获得并留住最优秀的人才。在优秀人才的推动下，摆脱了传统治理机制的束缚，科技公司有可能迸发出难以想象的创新动力，实现科技应用、甚至是研发领域的创新。这些创新将反哺原有业务，为业务插上加速发展、变道发展的翅膀。

在金融领域，科技公司被称为 FinTech，或者金融科技公司。这类公司或者本身就有金融业务，或者为金融企业提供科技服务。有一个很有意思的现象，就是做金融业务的公司属于金融公司，需要持牌经营，并受到强监管。这样的公司可能有比较好的业务收入，但因为是金融公司，其估值又不如科技公司。纯做技术的金融科技公司虽然估值高，但其实很难挣钱。**这样的现象证实了“亚马逊悖论”，即科技公司无法获得高收益，但估值很高，可以融到大笔资金，融到资金以后估值就会变得更高**。真的很难说清为什么会出现这样的现象，也许这也是数字化需要反思的地方。我曾听说，某投行准备制定科技指数对公司进行估值，凡是科技指数高的企业都将获得较高的估值。对于这样的做法，我觉得还是应该慎重。**科技本身并不是价值，只有与业务实现有效结合的科技才能带来价值。**

这本书写到这里，有一点变得越来越清晰了。如果我们把数字技术带来的业务变革和商业模式创新当作数字化，那么对于大多数企业来讲，其实数字化并不是“重头戏”。在整个科技投入的规模方面，与传统信息化投入相比，数字化占比并不是最大的。信息化的成分很大、很重，数字化的成分很小、很轻。

这样的结论可能会让人十分不快，因为过去的几年里，大家谈的主要话题就是数字化，很少有人谈论信息化。难道我们一直热烈谈论的、投入极大热情的是很小的东西吗？遗憾的是，事实确实如此。**但小不代表不重要，上面说的“大、重”指的是投入的占比，而不是重要性。其实随着我们对世界认识的不断提升，许多人都越来越意识到，少数因素——有的时候是少数人，有的时候是少数事——才是决定成败的因素。**甚至还有那些完全未知的因素反而决定了成败。因为多数因素往往属于平实的那一部分，就好像吃饭睡觉，大家都会做，不做肯定不行。但除此之外，人们做的事情就会有很大差别。所以我想强调，数字化是很小但很重要的事。这种说法是把传统信息化与数字化划分后得出的结论。如果把两者放在一起，就很大。为了把最重要的东西抽取出来，我们还是需要把二者区分开来。所以在接下来的章节里，我们会暂时不讨论传统信息化，而聚焦于数字化这个话题，即专注于技术带来的业务变革和商业模式创新，因为这代表了企业的未来。**如果不能实现有效的业务变革和商业模式创新，企业在不久的将来必将被淘汰出局。**

数字化故事五点评

中再保险集团的数字化路径是双模式的，正如在正文中所说，虽然开创式数字化路径的投入小，但影响和意义重大。演进式数字化路径关系到企业的生存和持续经营，也非常重要。但中再保险集团有一个先天的优势，就是它具有行业底座的特征，为整个保险行业提供服务，但很少与其他保险公司竞争。具备这样特点的企业有成为平台型企业的必然性。这说明中再保险集团是幸运的，但更幸运的是有一批合适的人聚集在这个公司：一个坚定的数字化领导集体，一位具有远见卓识的总裁（如今已经成为董事长），还有一位战略和执行力都超群的 CIO。

第六章

商业模式与运营模式：数字化的业务变革

数字化故事六

兴业银行是中国最主要的股份制银行之一。它给外人的感受是低调、务实，似乎不太宣传它的数字化。其实兴业银行在数字化领域已经深耕多年。从2007年推出银银平台以来，兴业银行致力于内部实现业务敏捷，外部实现普遍连接场景和生态，由“网点兴业”向“数字兴业”转变。这种转变首先带来的是运营模式的转变，随着新的运营模式不断推进和发展，也产生了不少新的商业模式。

兴业银行推出的兴业管家主要面向企业客户提供服务，服务内容涵盖资金管理、支付结算、跨境金融服务、供应链融资等多谱系金融服务。企业客户通过兴业管家可以在线上办理绝大部分业务，无须到网点。这为企业提供了巨大的便利。至写稿时止，兴业管家已经吸收了近百万户商家。兴业银行的银银平台面向同业客户，是兴业银行2007年率先在行业内推出的同业合作品牌。银银平台起初是把银行的信息系统作为服务提供给小型和微型银行，后来发展为业务能力输出。当前，银银平台可以为同业提供投融资、财富管理、资产交易、资产托管等综合服务。也就是说小微银行想做这些业务，但自身能力不足，就可以把这些业务委托给兴业银行来做。双方按照业务类型的不同商定付费的模式。这些综合服务为兴业银行带来了大量的不同于银行传统业务的收入。兴业生活面向个人消费者，搭建高频、易用甚至包含车、房买卖在内的金融与非金融生活场景，使消费者通过银行可以满足买车、买房的需求。这种服务也已经超出了传统银行的商业模式。

兴业银行的前任CIO傅晓阳是一位博学、睿智的数字化领导者，在行业里有较高的威信。我和他有过许多次交流，从最早谈数字化带来的变革，到数据治理的关键环节，到银行业务发展的第二曲线等。在傅晓阳的领导下，兴业银行的科技队伍不断壮大，信息系统和数字化平台不断完善，IT与业务的配合日益默契。兴业银行数字化发展成果的背后离不开他的谋篇布局和躬身力行。

商业模式

这些年商业模式这个词也被滥用得很严重，特别是它成为了互联网语言的一部分。如果谁在谈话中不使用这个词，就会被认为落伍和不时髦。关于商业模式有很多定义，也有很复杂的模型。我采用的定义是我自己悟出来的，**商业模式是挣钱的方式，也就是企业通过做什么来挣钱。**比如制造业一般依靠生产产品挣钱，农民依靠种粮食挣钱，传统银行依靠利差挣钱，保险公司靠提供风险保障挣钱，以及航空公司靠运载旅客挣钱。换句话说，企业是依靠提供产品或服务来挣钱的，所以商业模式的关键是产品和服务。当然为了赚钱，必须控制成本，为产品或服务设置合理或不合理的（垄断的情况下）定价。**在商业模式中，需要考虑经济学架构，也就是成本和收入之间的结构。**如果经济学架构

不合理，商业模式一定是难以成功的。前文谈到了亚马逊悖论，亚马逊控制着进货渠道，把供货商的价格压到最低，自己的利润率也压到最低，但是做到了最大规模，形成某种程度的垄断。依靠规模去融资，然后再扩大规模，但利润率一直不高，这就是亚马逊悖论。这样的企业引起了经济学家的质疑。因为，这种商业模式对整个国民经济可能造成较大的伤害，所以美国政府一直想解决这个问题。

在互联网行业火热的那些年，我们都听说过“羊毛出在猪身上，让狗来买单”的商业模式。其实与亚马逊悖论相似，这些商业模式最大的特点就是规模效应，企业规模必须持续扩大，业务规模也必须持续增长，否则就会出现“上气不接下气”的情况。我们看到，近几年由于消费互联网的规模已经到达了顶点，互联网公司感受到了深重的危机，因此希望向行业互联网转型，或者开创新的增长点。这种转型和创新就属于商业模式的创新。

商业模式的关键是挣钱，如果不能挣钱，就不是真正的商业模式。所以，商业模式的本质是为客户创造价值，客户把一部分价值让渡给企业，就形成了企业的收入。**商业模式的核心是产品和服务，企业必须依靠某些产品和服务为客户创造价值。**因此，当企业的产品和服务发生了彻底的改变，我们就可以认定商业模式发生了变化。比如，企业原来生产拖拉机，现在开始生产汽车，毫无疑问其商业模式发生了变化。还有一些商业模式的变化不是产品和服务的彻底变化，而是在成本和收入两端发生了巨大的改变。比如，企业曾经以出售计算机的方式获得收入，而现在以出租计算资源的方式获得收入，我们也可以认定其商业模式发生了变化。还有以“免费”的形式提供基本的服务，在提供附加服务的时候才收费。但这种形式其实也并非是免费的，只不过采用了隐形收费的模式。比如，用户如果不是会员，观看网络视频就必须观看广告，这样付费的人就变成了广告发布者。

商业模式的本质难以改变

商业模式的本质其实是难以改变的，几千年来，人类已经把商业模式的本质摸透了。**我们现在看到的大量商业模式的创新除了对产品和服务进行创新以外，都是商业模式的重组和嫁接。**比如，把使用水电煤气的按用量付费嫁接到计算资源的业务上，就形成了云服务。这样的转变包含了从销售产品到销售服务的转变。也有的商业模式是在产品和服务的构成比例上进行调整，比如汽车的销售价格下降，但服务费用上升等。还有一个非常典型的例子，许多4S店本来主要依靠销售佣金获得收入，但是因为佣金的下降，便开始提供金融服务，并从金融服务中获得收入。有这样一个故事，客户希望一次性付款购车，而4S店坚持要他分期付款，双方僵持了许久。这样的故事起初很让人费解，因为在过去的商品交易中，大部分商家都喜欢一次性付款。但是今天，因为需要从金融服务中挣取服务费，4S店宁可客户采用分期的方式。在分期的背后，往往蕴藏着较高的利息。虽然表面上许多分期宣称是零利率的，但高额的服务费实际上弥补了利息的损失。

数字化商业模式创新

数字化可以带来商业模式的创新，这是毋庸置疑的。**一方面，数字化技术可以帮助创造新的产品和服务。**比如，我们今天看到的网络游戏、视频、自媒体、云服务都是这一类新的产品和服务。我们回想从前，每个家庭的标配都是电视机、录像机、影碟机和音响。而今天，这些产品中的大部分，或者完全消失了，或者也完成了转型升级。录像机和影碟机都不存在了，取而代之的是网络的流媒体服务。电视机也从接收电视信号进化为连接网络，原来的射频调制模块已经被网络连接和流媒体处理功能替代了。除了音乐发烧友，很少有人使用传统的音响，取而代之的是能够联网的智能音箱。这些产品，都不再是原来的产品，而是全新的产品。甚至电冰箱、洗衣机、灯具都具备了联网功能，但这些产品的变化尚不能被认为是彻底的变化，所以还不能被认为是商业模式创新。

数字化技术创造新的产品和服务给传统企业带来了机遇或者灭顶之灾，有时候甚至可以改变一个行业或让其消失。被讲得最多的是柯达胶卷和诺基亚手机的案例，但其实被影响到的行业和企业不胜枚举。因此，用数字化改造产品和服务是所有企业都需要考虑的问题。比如制造业，首先要考虑产品是否应该具有联网功能，然后要考虑是否需要智能功能，甚至要考虑这个产品是否需要彻底重造。现在新能源汽车非常流行，有很多新的品牌出现。大多数新能源汽车采用了与传统汽车设计的不同理念。传统汽车是一个交通工具，新能源汽车是一个生活工作空间。传统汽车是工业产品，新能源汽车是数字化产品。传统汽车以硬件著称，新能源汽车以软件为核心。同样的，生活工作空间的理念也可以应用到如交通、航空等行业。在金融行业，数字化也可以帮助对金融服务进行改造。比如，银行可以在存贷款服务的基础上附加资产管理和财富管理的服务。在财富管理领域，通过对客户消费习惯和收入情况的洞察，为客户提供消费和理财的建议，并从这样的服务中获得收入。对于保险公司，可以变“保风险”为“管风险”，实现服务的创新。

创造新的产品和服务可以说是数字化技术的显性作用，比较容易看到机会，也比较容易开展应用。**数字化技术还有一些对商业模式进行创新的隐形作用。这种隐形作用是“大棋局”，不仅仅针对个别的产品和服务，而是通过平台化的商业模式实现商业模式的乘数效应。**其实，平台商业模式也不是新东西。各种集贸市场、开发区都是平台商业模式。这些场所为商家提供基础的商业服务，便于商家开展自己的业务，而场所从中收取租金或服务费。因为大部分类似的场所都面向特定类型的商家或产业，对入住企业来说，比较容易实现协作，开展业务的难度和成本都会降低。对于最早使用电脑的人来说，中关村电子一条街都是大家熟悉的地方。在这里，我们可以买到各种电脑的元器件和整机，体验到店铺之间串货的情景，当这家店里没有所需的商品时，商家会马上帮我们调货。其实，他是从另一个摊主那里拿到货品。在电子一条街，还有很多攒机的商家，他会给我们菜单式的清单，让我们选择配置。我们选定以后，他就到各个摊位去拿货，然后帮我们把电脑攒好。产业的集中也会吸引大量的客户上门，为客户提供更多的选择。市场的经营者除了收取租金以外，也会为摊主提供餐饮、仓储、广告等服务，为买方提供住宿、餐饮、验真等服务，并从中获取收益。这些原始的平台商业模式的特点是地理位置集中，但数字化的平台就可以不受地理位置的限制，这正是信息技术带来的空间折叠效应。

平台商业模式

我们熟悉的淘宝、支付宝、微信、应用商店等都是采用平台商业模式。这些数字化平台都不是传统企业创立的，商业服务的重点是面向消费者的。由于不受地理位置的限制，这些平台的规模都空前庞大，虽然从每一个商家获得的收入不多，但是集中起来，收益是非常可观的。随着数字化的深入，又出现了各种各样的新型平台，包括网约车平台、共享单车平台以及各种 P2P 的金融平台。当然，许多平台因为出现了巨大的风险，被国家取缔了。也有很多平台因为经营的问题，并不赚钱。**许多平台不赚钱除了因为自身经营不善以外，还因为平台之间的恶性竞争。**就拿网约车平台来讲，其业务本身应该是可以赚钱的。但是有的平台要不就被抽走了资金，要不就因为扩张成本过高而造成亏损。

共享单车严格来说不属于平台商业模式，因为这里的供方是平台本身，并不是入驻平台的商家。这样的业务本质上是车辆租赁业务，车辆租赁业务本身并没有平台商业模式的收益效应。所以共享单车能不能赚钱仍然取决于其原始的经济学架构。事实证明，共享单车的业务是不太成功的。P2P 金融业务虽然属于平台型的业务，但是由于金融行业的特殊性，对风险管理能力的要求较高，而大多数 P2P 平台不具备这样的风险管理能力，造成了许多坏账。更有一些无良的平台所有者，建立 P2P 平台的初心就是圈钱跑路，当然不会创造成功的商业模式。

传统企业的平台机会

对于传统企业，平台商业模式的机会在哪里呢？这是一个不容易回答的问题。显然，复制淘宝或应用商店的模式并不是很好的出路，因为在面向消费者领域，已经形成了固定的市场格局，不太容易被打破，传统企业难有自己的生存空间。**平台商业模式的核心是提供基础服务，让各方玩家可以在平台上开展自己的业务。从这个核心出发，结合传统企业的业务转型，这样的机会还是有的。**

我们可以从最有基础的地方开始建立平台商业模式。大部分上规模的传统企业都有自己的电子商务网站和 App，这些网站的初衷是销售本公司的产品和服务。有些企业为了扩大业务，也捆绑销售一部分与本公司产品相关的产品。比如航空公司的网站上会销售机票＋酒店＋租车的产品。在航空业，机票之外的产品销售被称为附加产品销售。许多航空公司在附加产品销售方面取得了不错的效果。我们也看到，一些大型企业比如银行、石油企业在电子商务网站上也会销售其他消费品。无论销售什么商品，这样的商业模式仍然不是平台商业模式。因为平台的拥有者是产品的销售者，所有收益均来自销售收入。如果在电子商务的基础上引入其他商家入驻，让商家自己在平台上开店，就可以形成平台商业模式。比如，石化公司可以让其他石化企业入驻自己的平台，对这些入驻企业的资质、质量进行把关，形成石化产品的集中市场，就会吸引买家前来选购。而这样的市场，既可以面向消费者，也可以面向生产者。石化公司可以从服务市场的过程中收取费用。开办这样的市场，传统企业是有优势的。因为专业类的市场需要专业知识才能进行有效的管理和运营，现有的互联网平台企业往往缺少这样的专业知识。我曾遇到一位初创企业的创始人，他的公司做的业务非常专业，是为各类实验室寻找合适的化学试剂购买渠道。这样一个业务属于小众业务，但需要专业知识这一点与石化市场的例子是一样的。

我想强调，传统企业有一个无法替代的优势，就是对行业知识的理解。我们常说"隔行如隔山"，虽然在知识获取难度不断下降的今天，这种说法会面临越来越多的挑战，但每个行业的本质不经过长期的磨练是无法掌握的。就好像让传统企业去开办互联网公司需要付出巨大的努力一样，其他行业的人到传统行业开办业务的难度也是不小的。我在和互联网巨头的领导人交流时发现，虽然他们都有向传统行业扩展业务的驱动力，但真正做起来并不容易。

各类专业市场有可能由传统企业开创并发展起来，这是不应该怀疑的。当然，传统企业会有很多顾虑，因为原则上主要竞争对手是不太可能入驻它们的平台的。但除了主要竞争对手之外，行业中的玩家还有很多，如果可以服务好这些不是主要竞争对手的企业，就会提高整个行业的专业水平，使整个行业变得更强。主要竞争对手之间是否会入驻对方的平台也是值得讨论和研究的问题，这里除了心理上的障碍以外，其他方面的担忧也是需要直面和研究的。如果这些担忧是可以消除的，主要竞争对手的平台为什么不可以入驻呢？当前，美国把中国当成最主要的竞争对手，美国企业难道就都必须从中国撤出吗？

传统企业还可以从更广阔的视野寻找平台型业务的机会。比如紧跟国家战略，为一带一路、"房住不炒"、碳达峰和碳中和、"乡村振兴"等战略提供平台服务。像农资企业或旅游企业，就可以为"乡村振兴"构建平台，通过信息化和工业化对乡村进行改造和赋能，使每个农民、每个农村实体都入驻这个平台。平台可以为用户提供信息、培训和解决方案，切实提高农村的收入，在这个过程中创造的价值将是巨大的，用户从中让渡给企业的一小部分价值总量也将是可观的。传统的油气企业，可以建立碳达峰和碳中和平台，为能源结构的系统化转型提供服务，既可以引领行业的方向，也会在引领的过程中发现许多商机，在实现本身转型的同时，获得很好的经济效益。需要创建平台的地方还有很多，其逻辑是利用数字化技术赋能国家战略，赋能行业转型。过去，行业领导者的标志是产品领先、市场占有率高，但未来，还一定会加上平台领导力这一指标。

上面讲到了一些“大文章”和大平台。对于中小型企业，做平台型业务也有机会。但是，**任何平台都必须有独特性，能够解决行业当中的难题或成为未来数字化世界的组件。**无论是自然生态还是商业生态，都不会只有参天大树，也会有小树、灌木、蘑菇、苔藓以及各种动物。所以中小型企业也是有机会的，大企业在构建平台业务的时候，也不可能完全依托于自我的能力实现。中小企业可以立足于做一些规模小、专业精的赋能平台，这些平台未来可以成为大平台的一部分，也可以作为独立的平台存在。比如，我了解的一家做数字化孪生的企业，以平台的方式对外提供服务。未来，数字化将使整个地球、国家、城市和企业都成为数字化孪生，这样的服务是任何组织都需要的。

我们上面曾经提到过平台商业模式具有“乘数效应”，一方面是因为平台的用户越多，平台拥有者获得的收益越大；另一方面，平台对于用户的业务也具有放大效应。如果没有平台，用户之间可能永远也没有合作的机会，但是依托平台，就可能产生意想不到的机会。因为通过平台聚集起来的各种各样的资源，有可能组合成新的产品和商业模式。在这些资源的组合过程中，平台的运营者需要做更多的工作，需要有意识地编排这些资源，不能像一般平台那样仅仅“撮合”供需方。比如上面举过的乡村振兴平台的例子，在平台上可以有各种各样为乡村振兴赋能的工业企业、信息化企业和服务企业等。它们本来只能把自己的产品和服务提供给农村的需求方，但因为平台的信息整合特征，这些服务和产品就有可能打包成全套的解决方案，为需方提供一站式的服务。这样的解决方案，在实现效率和成本上都会有很大改进。对于需方来讲，以更低的价格获得更好的服务，当然是好事。对于供方来讲，效率的提升也会提高业务的运转速度，在有限的时间内获得更多的业务，从而获得更多的收入。在这样的模式下，供方、需方和平台方获得了多赢，也提高了社会的整体效率，改进了运行的效果。从平台的层面上看，实现了平台化的商业模式；从国家和社会层面来看，实现了平台经济。

在平台商业模式下，所有企业都成为平台的有机组成部分。**未来的企业，如果不能参与平台商业模式，也就不会有太大的生存和发展空间，因为未来的世界就是全连接的世界，平台商业模式和平台经济将成为主要的商业和经济模势。**我们所说的数字化商业模式创新，也主要指平台商业模式的创新。

平台商业模式也是生态化的商业模式。生态本身就是社会运行的基本形式，不同的是，在数字化之前的生态更多只是一个概念，数字化之后，生态变得更加具体，是依托于数字化平台的、普遍的、实时连接的生态。所以数字化对大多数企业来说虽然规模上相对不大中，投入也较小，但其重要性是不言而喻的。任何一个企业都应该重视数字化商业模式的创新，根据企业规模、所处行业的不同，需要选择合适的策略。有些企业必须定位于成为主要平台的拥有者和运营者，有些企业需要成为平台的组件，有些企业要成为平台的建设者或服务者。

运营模式

商业模式回答的是做什么的问题，运营模式回答的是如何做的问题。数字化的运营模式是由数字化技术应用带来的对业务的新的做法。比如，在过去，如果想开办一家企业，除了必要的登记、注册和获得经营许可之外，还需要开设网点、招聘员工等。在数字化时代，除了必要的合规流程，还会有许多不同的做法。比如，不一定需要开设网点，而可以把业务网点开在网上。有的是自己建立电子商务网站，有的可以在现有的平台上直接开店。这样的做法往往不是对局部流程的改变，而是对做业务的方式进行全面的改变。这种改变，我们就把它称为运营模式的变革。而对于某一流程或流程环节的局部改变，属于业务优化的范畴，严格意义上讲并不是数字化转型的一部分。因为在信息化初期阶段，类似的优化已经是信息化工作的目标。不仅商业模式的创新是比较困难的，运营模式的改变也是非常不容易的。

自 2019 年新冠肺炎疫情爆发以来，全球的企业和政府组织都经历了被动的运营模式转型。许多人被迫在家里远程办公，学生们也只能远程参与学习。这样的变化是一种较为全面的变化，虽然大多数人和企业似乎表现出了很好的适应性，但事情远没有那样简单。大量线下的电器产品商店关门，与此形成鲜明对比的是，电商平台的销售不降反升。我了解到，有的线下电器连锁企业希望快速建立线上销售的渠道，却发现企业缺乏这方面的能力和经验，根本无法实现运营模式的转型。许多学校提供了线上教学课程，但发现效果与线下教学课程根本没法比，因为网络教学需要一套不同的课程设计、讲授、互动和验证流程。事实告诉我们，运营模式的转变也不是一朝一夕可以实现的。仅仅是短时间的远程办公和运营，与运营模式的变革还有很大的差距。**运营模式的转变，同样需要思维、行为习惯的转变。而这些转变都是非常困难的，同样需要汗水、泪水的浇灌。**

在传统企业里，许多业务已经形成了固定的模式，人们也形成了比较固定的行为模式。按照既有的行为模式做事，是大多数人的舒适区甚至是“自豪区”，一旦需要改变，往往使人内心非常痛苦。我曾参加一次线上讲座的录制，亲身经历了这种内心的不安。由于长期从事顾问工作，我需要经常进行现场的演讲，形成了自己的风格，对于场面的把握我是很有信心的。但是一旦变为录制节目，我马上觉得很不自然。为了做好录制，我进行了比较充分的准备，包括演讲的材料、语言、穿着等。但一开始录制，我还是露出了“马脚”。面前的观众变成了一台摄像机，我根本没法和观众进行眼神交流。我扫视全场的习惯此时变成了一个“毛病”，因为我的眼神一离开摄像机，导演就会喊停，真是让我出了一身冷汗。好在通过多次调整，我总算完成了录制任务，导演也比较满意。否则，说不定我的这次“转型”真的会出现泪水。

当前运营模式的转型在各行各业都比较普遍。比如，银行扩大业务的方式不再是开设新的网点，而是通过线上的服务和连接实现扩大业务；保险公司的理赔方式由人工理赔变成基于大数据的自动理赔；制造企业普遍建立了无人工厂和仓库等。在进行运营模式转型时，**企业需要对当前的运营模式进行“批判”，对已经习惯了的做业务的方式进行反诘式的提问：“难道我们非得这样做业务不可吗？”“这样做业务的方式有哪些弊病？”**凡是那些效率低下、成本不断攀升、风险事件不断的领域都有可能发现变革运营模式的机会。我觉得在这个方面，中国很多地方的政府做了不少努力。过去，人们去政府部门办事需要跑很多地方、准备很多证明、跑很多次才能把事情办完。如今，各级政府都有了统一的政务大厅，大部分业务在一个地点就可以办好。有些城市还开发了App，除了必须到现场的环节，许多业务都可以在手机上办。

可编排企业

一个运营模式的新趋势是可编排企业，这是企业运营结构的一种全面革新。传统企业的结构一般是固化的，组织职能和流程都相对稳定。我们上面提到的各行业的案例可以对部分组织和流程进行变革，但这种变革是一种“一事一议”的安排。所有改变都需要“硬编程”，即需要专门的设计、实施过程。**可编排企业是这样一种设想，运营模式的变革可以随时发生，企业可以根据业务的需要随时对业务进行重组，产生新的业务组合甚至是新的业务。**比如，在银行业，可以把存款业务和理财业务整合起来，形成财富管理业务。如果新的业务组合在市场上没有取得成功，就可以快速恢复到原有的业务或组合成其他的新业务。可以看出来，可编排企业的运营模式类似古代军队作战的排兵布阵，最杰出的统帅可以根据战场形势快速调整“阵法”。所不同的是这些阵法是预先演练过的，而且也是自上而下执行的。而在企业的运营中，大部分业务组合无法预先演练。同时，为了强调以市场和客户为导向，许多编排的过程不是从上而下执行的，在局部的领域可以自下而上执行。大部分企业的领导看到这样的运营模式都会产生怀疑，因为给人的感觉就是企业会发生混乱。我对这样的怀疑有部分的认同，因为如果没有必要的训练和准备，这样的运营模式势必会引起企业的混乱。特别是在层级式管理传统根深蒂固的文化中，要完全实现它几乎是不可能的，似乎也不是十分必要。可编排企业作为一个新的趋势，我们也可以把它当成未来的一种可能性，并认真考虑，如果市场上真的出现了这样的组织，我们应如何应对。

要实现可编排企业的运营模式，需要许多条件。首先企业的指挥机制就需要调整，改变指令来自高层的指挥系统，增加对业务运营的编排职能，并配套相应的监控和考核机制，人员也需要进行完全不同的训练。但这样的运营模式的基础是可编排的数字化平台。需要把各种业务能力打包成组件化的软件，也就是对应用的功能进行拆分并实现服务化。具体采用什么样的打包方式需要根据企业的具体情况进行选择，但绝不会是全部“微服务”化。只要能实现快速编排的目的，“大服务”“小服务”甚至对传统应用功能进行部分“暴露”都可以。所以，最终的打包方式大概率是一种组合。我看到有些企业在实现可编排的数字化平台时做得比较极端，一开始就确立了全面“微服务”化的目标，投入了大量的人力、物力，但因为没有清晰的业务情景设计，效果也不太好。

传统企业都有大量的“孤岛”式的应用，许多是基于传统技术构建的。在英文中这类应用被称为“Legacy”，是遗留产品的意思，包含着“遗产”的意思。字面上看它似乎是应该被淘汰的东西，过去也有很多专家和从业者对这类应用持类似的态度。但我们如果换一个角度去理解“遗产”这个词，我们会发现它有很多优点，其实它也是一笔宝贵的财富。在 IT 行业有长期从业经验的人都有这样的体会，有些传统技术和应用都特别好用，也特别稳定。所以，在打包业务能力的过程中，不一定要淘汰这些应用，只要把一部分功能采用 API 的方式“暴露”出来就可以了。对于新建的应用，当然要采用比较新的技术。但对于已有的传统应用不需要一刀切，只要根据业务的需要进行小规模的改造。对这些应用全面淘汰或重构的驱动因素是技术趋势，当某一技术已经在市场上逐渐退出，所需要的维护资源越来越难以获得，这个时候我们就必须下决心对这些应用进行彻底的改造了。

总的来说，实现可编排的数字化平台是一项非常艰巨的工作。这要求 IT 部门有足够强的业务和技术能力，有些专业人才是必不可少的，包括架构师、业务分析师和专业的项目（群）经理等。但在我看来，大部分企业中这样的人才都很稀缺，特别是架构师和业务分析师。这些人才需要企业内部进行长期的培养，完全依靠从市场上获取是不现实的。因为市场上的架构师和业务分析师对企业的业务难以做到深入理解，即使招进来也只能从技术上补充能力，无法对业务提供“接地气”的支持。

新兴的数字化企业（互联网巨头）在实现可编排企业的运营模式方面做得比较领先，因为以数字化平台为主要基础的互联网巨头面临着难以想象的生存压力，它们从一开始就拥有快速尝试、快速失败、快速转向的基因。改变对于它们来说是家常便饭（当然改变太多、太频繁也未必是好事）。当业务孤岛和技术孤岛不断形成时，它们可以迅速地打破孤岛，形成共享能力中心的模式。**由阿里首先提出的中台的概念后来被扩展为业务中台、技术中台和数据中台，其实就是以可共享的、打包的业务能力为基础的技术平台支持的业务共享中心。**中台的要点是能力共享、可编排。订单中心、客户中心、支付中心都是可共享的业务能力。不同的产品线，像天猫、聚划算等可以在这些能力的基础上建立自己的应用和业务能力。中台包含了业务和技术两种属性，也就是技术组件形成的技术平台＋业务人员提供共享服务的模式。中台本身并不是可编排企业，而是形成可编排业务的中间层，也就是可以共享和拼接的那一层。如果中台不具备业务人员提供共享服务，像大多数企业那样，严格意义上就讲不是原初意义的中台。**我认为中台最关键的是要业务化，也就是要配备必要的业务人员提供共享服务。**比如在金融企业，风控能力是一项核心能力，可以建立中台。底层是风控技术组件平台，再配备一些风控专家，为各个业务线或产品线提供风控能力。这种情况下，并不是前台产品线的部门就不需要自己进行风控，而是通过中台为风控能力设定了“基准线”，提升了整个企业的风控水平。

我发现一个有趣的现象，中台概念火了以后，传统企业也纷纷开始构建中台。但我注意到，大部分传统企业的中台都是一个技术平台，没有业务人员提供共享服务。**这样的中台其实仅仅起到了应用集成的作用，并没有提高企业某种核心业务能力的“基准线”，为企业带来的收益并不明显。**许多企业都在建数据中台，但与过去的数据仓库没有本质的区别，只不过提供了更好的数据集和更方便的分析工具。因为没有会使用这些工具的业务分析人员提供共享服务，各部门对数据中台的应用能力和水平是参差不齐的，大部分水平都不高。我的建议是，在建设中台，特别是数据中台和业务中台的时候，一定要关注中台的业务化问题，切忌建设偏于技术化的中台。

运营模式变革的另一个角度是从技术出发，通过对新技术的深入理解，挖掘数字化技术的潜在影响，实现对运营模式的变革。这与从业务的痛点出发去寻找机会形成了相辅相成的关系。例如，网络的连接可以使业务摆脱地理位置的限制，打破属地化运营的传统模式，实现异地资源的协同和共享。人工智能技术的应用可以取代人工或增强工作人员的能力，在减少人力投入的同时，提高人的效能和水平。在这个基础上，企业有可能从人力密集型转变为科技密集型企业。平台之间的连接使业务与场景实现无缝对接，办业务由以网点和网站为接触点转变为以场景为接触点。这些都是技术可能带来的运营模式变革的机会。

从技术出发，找到运营模式变革的机会，就要求技术部门自身运营模式的变革，从等需求转变为引导需求的变革。这一点非常重要，但对技术部门的要求也大幅度提高。需要技术部门对业务有比较深刻的理解，与业务部门有良好的协作关系。在运营模式变革以外，需要对IT设施进行大规模的改造，建立可共享、具有弹性、支持自服务和可编排的技术组件和架构。这就需要广泛应用云计算、人工智能、服务化等新技术。在新技术的应用过程中，IT组织自身也会受到极大的影响。我曾读到一个案例，讲的是低代码开发带来的变化，通过部署低代码编程技术，业务部门可以根据自身的需要实现应用的改动或新建，大大提升了满足需求的速度。但是，带来的影响是许多IT人员的工作量下降，企业的老板决定对IT部门进行大规模的裁员。这样的决定当然存在一些武断性，也暴露了企业领导人的短视。但必须正视的是，科技应用给IT部门自身带来的变革要求也是现实而具体的。IT部门如果不能在新技术应用的过程中提高价值定位并加以实现，就会面临被裁撤的风险。因此，我非常赞赏浦发银行的做法。在这家银行里，IT组织被要求去做业务，主动创建和连接生态。这样，IT的价值得以不断地提升。

由于大部分传统企业业务比较稳定，运营模式也比较固化，因此要实现运营模式的变革需要一些时机。比如，开展一项全新的业务的时候，或者开办一家分公司或子公司的时候，都是一些可以进行运营模式变革的时机。当然，企业面临的困境很可能是“时间紧、任务重”，根本无暇创新，只能按照熟悉的模式开展工作。在这种情况下，创新组织就显得越发重要。企业需要依靠创新组织完成对新商业模式和运营模式的探索，并把成功的模式在企业范围内进行推广。

无论是商业模式的创新和运营模式的变革，对企业的影响都是全面而深刻的。需要配套的变革，包括组织文化、领导力、组织机制、人才、IT和业务的关系等方方面面。正如前面多次提到的，这样的变革充满了汗水、泪水甚至是流血牺牲。企业的领导人和各级干部、员工都应该有清醒的认识。这样的变革，是十分困难的，绝不是一蹴而就的，也不像是可以发起大规模“阵地战”就可以完成的。每个企业都需要问自己一个问题：企业当中有多少人可以适应这样的变化？对于大多数企业，问题的答案都是“不太多”。有了这样的答案，我们也就知道大规模的“阵地战”不一定行得通。也许最好的做法是选择最有变革需要、最可能实现的领域，首先实现局部的突破，采取局部带动全局的方式实现变革。有的时候需要抓住“牛鼻子”，找到那些抓好一点可以提高全局的领域进行变革和创新。有的企业的“牛鼻子”可能是运营效率的提升，有的是客户满意度的提高，有的是成本的优化，还有的是供应链的稳定与安全等。

对于大多数企业来讲，不应该把商业模式创新作为主要的目标和方向。因为行业监管的存在（既是保护也有限制），商业模式的创新不一定很有必要或可能实现。**但运营模式的变革确实是重中之重，通过运营模式的创新，原有的业务痛点被系统化地消除，企业的活力和竞争力得以大幅度提高。**而且，随着运营模式的变革，商业模式创新会成为水到渠成的事情。企业从业务优化，到运营模式变革，再到商业模式创新会是一个自然而然的过程。当然，企业直接进行商业模式创新也是一种发展模式，对部分企业也是可行的，但并不适用于大部分企业。

数字化故事六点评

在兴业银行的故事中，我们既可以发现运营模式的转变，也可以发现商业模式的创新。银行从以网点经营为主，转到线上通过平台进行经营，这就实现了运营模式的转变。但像银银平台这样的产品，其获得的收入与传统银行手续费、利差等相比是新的类型，这也就意味着商业模式实现了转变。但是无论是运营模式还是商业模式的转变，其关键都在于为客户带来便利和价值。据雪球的统计，兴业银行业 2021 年的非利差收入占比为 33.75%，说明银行业的商业模式正在发生着深刻的变化。当这一收入占比达到 40% ～ 50% 的时候，银行的本质是不是就将发生变化呢？

第七章

敏捷与层级管理：数字化组织

数字化故事七

中原银行是一家位于河南郑州的地区性商业银行，它在企业级敏捷的道路上进行了大胆的探索，让人耳目一新。这是我在传统企业中见过的最大规模的敏捷工程。中原银行的上一任董事长和行长都非常推崇数字化，他们的共同意见是要学世界上数字化最领先的银行，因为数字化银行代表了未来银行。他们考察了欧洲同业，也通过咨询和顾问公司进行了大量的调研，结论是推行银行的全面数字化转型，从敏捷组织转型开始。

中原银行成立了数字化转型办公室，与科技部一起推进数字化转型工作。在银行总部设立了敏捷能力中心，为敏捷组织能力建设提供知识、推广和训练服务。他们首先在所有零售业务条线建立了敏捷团队，每个敏捷团队由业务骨干和IT人员组成。敏捷团队按照敏捷的方式开展工作，业务和IT共创新的产品和业务形态。我到他们的敏捷团队办公场地走访过，在这里，我看到的是和互联网公司非常类似的工作环境：小团队、看板、站立会议。敏捷团队的建立把新产品投放市场周期由原来的几个月缩短到数周。在零售条线取得成果之后，中原银行又在机构业务条线建立起全面的敏捷团队。通过全业务线上化，大大缩短了对公业务办理的时间。

处于中原腹地的银行能有如此领先的思路和实践，引起了人们的好奇心。我们可以从它的领导团队中发现一点奥秘。董事长来自中信银行，他有足够宽阔的视野和丰富的经验。行长是一个非常有意思的领导，他在百忙之中，每天都要抽出半个小时学习、阅读关于数字化的文献和资料。他还有一个独特之处，就是每天都会跑十几公里。有人开玩笑说他是中国的行长中最能跑的人。这两位领导也是比较开明和民主的人，在他们的会议室里，我感受到的气氛与大部分国企不一样：在领导和下属之间没有看不见但能感受到的“墙”，大家可以比较开放地讨论和交流问题。中原银行最近完成了艰难的重组，再次整合了河南省许多家有困难的小型银行。整合的过程比较干脆利落，从一个侧面反映了他们的敏捷能力确实不错。

科学管理的不适应性

在对数字化进行考察的过程中，有一个问题经常涌上我的心头：在数字化时代，我们在管理课上学习的科学管理系统是不是已经不能适应新的运营模式和商业模式的要求？科学管理诞生于工业时代，其核心的思想是还原论。即对工作流程进行细致的分解，把每一个环节都变得非常简单，工作人员只需要熟练掌握自己负责的环节，不需要对整个流程或运营模式有太多的了解。每一个环节组合起来，形成一个整体，可以达到效率上的最优。这种管理模式在制造业一经采用，配合机器大规模生产，确实比传统的作坊制和工匠制产生了前所未有的生产力。比如著名的华为管理模式“先僵化、再固化、再优化”被许多企业奉为管理的“圣经”。由于有这样的效果，科学管理被广泛应用于各个领域，甚至在许多不适合的领域也被采用，包括知识的生产过程。毋庸置疑，科学管理在工业化时代甚至是信息化的早期，都发挥了非常积极的作用。但是，不得不承认，科学管理也存在一些弊病。

首先，科学管理是缺乏人性化的管理，它把人变成了机器的一部分。在科学管理实行的初期，就有许多工匠觉得自己的手艺和创造性受到了挑战或侮辱。有的人甚至通过破坏机器的方式进行反抗，但最终大部分人都被迫接受了现实，成为机器的一部分。卓别林的电影《摩登时代》就是那个时代的写照。人类被异化，成为了机器。中国企业引进科学管理的时间不太长，是在改革开放以后才开始。我们学习了科学管理的知识和经验，一开始的时候是“照猫画虎”的模仿，后来逐渐把科学管理与中国的实际相结合，形成了比较独特的管理理念和体系。企业应用科学管理在实践中取得的成效是必须承认的。但是，我们也越来越感觉到企业缺乏“人情味”，人与人之间的关系也变得越来越冷漠。我想，这样的感受与科学管理的应用是不无关系的。人们不禁要问，如果人都成了机器，人的生活还有什么意义？

其次，科学管理会阻碍人的积极性和创造性。科学管理对工作进行分解，固化业务流程，并对各个流程和环节设定指标，根据指标的完成情况对人进行考核。在科学管理理论的指导下，绩效管理成为企业普遍采用的管理方式。近年来也有很多人对绩效管理的负面影响提出了批评，有人甚至把索尼后期遇到发展后劲不足的问题归结于全面绩效管理。这样的批评虽然是不全面的，但至少反映了一部分问题。记得我所在的一家企业从 2008 年开始实行全面绩效管理，个人绩效合约要签到每个人的头上。我当时作为一个中层的管理者，切身的体会是目标管理是必要的，但全面的绩效管理其实意义并不大。特别是每个人都要设定考评目标，签订绩效合约，投入的时间成本和管理成本都很大。最后发现，几乎没有哪个员工完成不了绩效合约。真正为目标操心人的集中在中层管理者这一层，他们不仅要盯住组织绩效，还要时时操心人下属的绩效。而在员工那端，反而对绩效考核以外的工作有了推脱的理由。回想起来，我对工作最有积极性和主动性的阶段是我任项目经理的那个阶段。那个时候我没有组织绩效合约，也没有个人绩效合约，只有一个工作的目标。我所有心思都用在了如何在自己的能力范围内为企业带来更大的价值。所以，我在设计系统的架构、功能的时候可以充分发挥想象力和创造力。我一般会设定一个最高的目标，并朝着这个目标努力。后来，有了完整的绩效管理体系之后，我在设定目标的时候首先考虑的是能否完成绩效目标，把更多的精力放在了如何设定目标和完成目标上，工作本身的意义却似乎失去了。

最后，科学管理并不适用于所有的工作。比如知识工作就不适合应用科学管理，因为知识工作者的工作动力是源于其对未知领域的好奇，或对创造的渴望。知识工作的成果具有偶然性，同时许多成果难以量化，需要进行“软性”的评估。当把科学管理放到知识工作者身上的时候，他们探索和创造的动力就会受到影响。科学管理的还原论思想并不适合复杂的系统、有机的整体。就像人体，我们可以把它分解，但无法重新组合，因为组合以后也不能还原生命。还原论实际上是对系统的一种简单化（英文表达为“Reduction”，有减少的意思）。**人类只能对已知的东西采用还原论，对于未知的、说不清的东西采用还原论势必导致结构的丢失。**关于这个问题可以讨论很多，因为这本书不是研究科学管理的专著，仅讨论至此。

在工业化时代，科学管理可以说是一种“大差不差”的理论和方法。“大差不差”其实是很高的评价，大多数事情只要“大差不差”就很好了，不应该求全、求完美，因为追求完美的成本是巨大的。**等待一万年的“完美”远不如只争朝夕的“大差不差”。**科学管理推动时代进步的意义是毋庸置疑的，我之所以对其进行反思也并不是要否定科学管理，而是希望发现数字化带来的变化之下，有没有必要建立一种新的管理体系和理念。我想答案是肯定的。

数字化对管理提出了挑战

数字化与工业化带来的变化是什么呢？我们前面在对数字化技术进行审视的时候曾经讨论了一下。现在再回头深入考察一下。工业化时代是一个物理世界，系统之间的连接是不充分的。我们可以把它想象成许多孤立的实体，之间没有有机的连接。数字化时代就非常不同，这个世界是物理世界和虚拟世界的结合体，实体之间的连接是普遍的、有机的。这样的世界就更符合复杂系统的特点，牵一发而动全身，有很多关系是未知的、说不清的。还原论无法对这样的世界进行有效的分解，必须采用系统论的方法。复杂系统会产生“蝴蝶效应”，也就是初始条件的一点点差异，会给结果带来巨大的影响。（顺便说一句，一个马掌钉导致战争失败的故事不是蝴蝶效应，它只不过是由一串因果关系构成的。）这样的系统虽然从理论上来讲也可以用公式描述，但由于初始条件的不稳定（在动荡的市场变化中），这些公式在实际运行中意义不大。**我们可以这样认为，复杂系统在现实中最大的特点就是不确定性。不确定性需要用什么来解决？有人说用人工智能和大数据来解决，我并不认同这种观点。解决不确定性必须发挥人的主观能动性！**人工智能和大数据的优势恰恰在于处理确定性的问题。

在数字化时代，由于普遍连接带来了整体系统的不确定性，其外在表现就是市场的动荡和迅速变化。当然，**整体系统的不确定性主要出现在实体与实体之间，或者系统与系统之间。在实体本身，更多的还是比较确定的。未来世界会是一种确定性和不确定的一种组合。**为了应对确定性的东西，我们可以设计精密的机器，让它们去处理这些确定性的因素。但是为了应对不确定性的东西，就要更多依赖于人的主观能动性。所以，科学管理仍然有其用武之地，但其应用的范围将大大缩小，由 90% 以上的占有率减低到一半以下。新的管理理论和体系的引入，势必使整个管理系统变得更加复杂，需要企业做出极大的转变。**但不得不承认，几乎没有任何一家企业已经为这样的转变做好了准备。**

企业不能为转变做好准备，并不是企业自己的问题。因为与数字化世界配套的管理理论、方法尚未形成。理论界和企业都在这方面进行了一些探索，但不能说这些探索已经形成了体系化的理论和方法，有的只是初步的理论和具体的实践。在英文世界里有一个词叫 Best Practice，很多人把它翻译成最佳实践。其实仔细研究，这样的翻译并不准确，准确的翻译应该是可行做法。**因为实践本身没有最佳，只是一种可行做法，没法比较是不是最佳。**在这里，可行做法不一定就适用于另一个环境。所以，在引进可行做法的时候必须与自身的环境进行适配。多年前，许多企业都在引入 ITIL 的最佳实践。这是一套关于 IT 服务管理的流程和职能体系，并部分回答如何运营 IT 组织的问题。我作为项目经理做的第二个项目就是引进这套管理体系。当时，我们对 ITIL 的了解不多，国内可供借鉴的企业或案例也不多，与我们合作的服务商对 ITIL 的理解也有限。因此，关于发布管理与变更管理是不是应该做成两个流程，我们进行了不少的争论。因为，在 ITIL 实施指南当中有这样一句话："发布管理由变更管理所控制。"按照这样的说法，似乎应该把两个流程做成一个流程。但后来我们发现，两个流程放在一起，让系统的用户很迷惑，因为他们本来就分不太清这些流程。后来我还是决定把这两个流程分开了，并把发布管理限定为新应用或新版本上线，这样就解决了用户的疑惑，运行起来也比较顺畅。

敏捷实践的发生

这些年，随着数字化的影响越来越大，关于敏捷型组织的呼声越来越高。

与之配套的产品制也逐渐被越来越多的企业采用。敏捷概念从诞生到现在也有很多年了。我最早接触这个概念是在差不多 10 年前。当时，企业面临着业务需求满足滞后以及业务需求多变的困境。许多时候，应用还没开发出来，业务需求已经发生了变化。还有的情况是虽然业务需求没有太大的变化，但是开发出来的应用与业务的初衷相去甚远。几乎所有企业都有类似的问题，很多人为了解决这一难题，都不断地强化需求管理。即需求说明书要求业务单位签字、盖章，之后不经过特殊的流程不允许改变需求。这确实从某种程度上缓解了需求多变的问题，但却更加割裂了需求方与交付方的关系。有的时候需求发生了变化，业务方也不敢提，结果是上线的应用没法用，需要重新启动项目进行修改。

一直以来，软件开发的管理过程被称作软件工程管理，而 IT 项目也采用 PMP 或 Prince2 的方法。这些管理方法都是非常结构化的、直线型的方法。也就是从第一个环节向后面的环节一步一步推进，前面一个环节没有完成，一般不会启动下一个环节。有的时候为了赶工，也会引入部分的并行方式，但本质仍是从前到后的瀑布式推进。可以说，这些方法的诞生，有其历史的必然性和合理性。因为，信息系统的生产方式承袭了工业产品的生产方式。大部分工业产品是“硬件”，所以工程化方法的效果是比较好的。但是信息系统是“软件”，也就是容易修改的“组件”，采用工程化方法就不太适合。虽然，企业为了改进软件工程的方法投入了大量的力量，但是由于生产方式与产品的原始不适应性，不能从根本上解决问题。软件的特点就是经常变化，而工程化就是要尽量少变化，这是两者之间无法调和的矛盾。我有一位老领导，他领导过几个重要的土建工程，到 IT 部门工作以后，他对 IT 的工程化方法很不“满意”，因为这与土建工程实行的方法相去甚远。有一次他问我，能不能在项目初期就像土建工程那样形成一份预算清单，把所有需要的组件产品、型号、价格、工时都列出来。我的回答是“不能”，因为 IT 项目是“软性”的，还没有工程化到这样精密的地步。

但是这样的一些讨论和做法，确实引起了我的疑问。为什么要用工程化方法去管理 IT 项目呢？难道没有更好的方法吗？有没有适应 IT 项目的管理方法呢？经朋友介绍，我参加了一次 ThoughtWorks 的工作坊，第一次接触到敏捷的概念。当听到敏捷的原则，亲眼目睹了结对编程和测试驱动编程，我恍然大悟，其实这种方法才是软件项目应该采用的方法！一开始，我和大多数人一样，认为敏捷方法只适合小型的软件开发。直到有一天，与另外一个朋友的交流让我彻底改变了对敏捷的看法。他所在的公司是开发大型网络安全软件的公司，采用的开发方法就是敏捷，而这个时间差不多是 2015 年！然而即使是现在，企业中采用敏捷开发的范围仍然是不大的，虽然不排除有些领先的企业已经大规模采用了敏捷方法。

软件工程的方法是一次性完成需求分析和设计，再一次性完成大规模的开发。整个过程是比较笨重的，只有在完成开发之后才可以看到结果。但等到那个时候，即使发现结果不是自己想要的也为时已晚。敏捷是不断循环完善（迭代）的方法。最初，只是确定少量需求，并完成这部分需求的开发，在用户确认后，再确定其他需求，然后再完成开发、确认的过程，如此循环往复，直到完成整个软件的开发和部署。可以看出，这样的方法是“小步快跑”，虽然起初产品看起来不太像样子，但是由于结果经过不断的确认，最终经过几次迭代之后，产品就会很完善。敏捷方法符合软件的特点，是需求方和供给方不断协调、磨合和“共创”的结果。

理论上，大部分软件开发都应该采用敏捷方法。但是说到 IT 项目，就不一定都需要采用敏捷方法。对于那些偏硬件、产品定制不多、开发量不大的项目，采用工程化方法还是最好的。因为，工程化方法比较成熟，IT 人员掌握得也比较好，可以保证最大程度地控制项目的风险。但是对于所有的 IT 组织，特别是软件开发组织，敏捷方法都应该成为“看家本领”。如果连敏捷方法都不会，就根本不符合软件组织的基本要求。企业应该不遗余力地在这方面进行转变，要破除那种敏捷方法只适用于小型软件开发的偏见，把它应用到所有自主开发的软件项目中。当然，对于不同类型的应用，迭代的周期不需要保持一致。对于那些不经常变化的软件，迭代周期可以长一些，反之需要短一些。具体如何实现敏捷的转变，有很多方法和工具可以提供帮助。**但是需要注意，不要把敏捷神秘化或者认为其高不可攀，其实它只不过是一种方法，与工程化方法一样，每个人只要实践一个项目以后，就能够掌握这种方法。**采用这种方法的时候，也不需要过分拘泥于所谓的最佳实践，只要掌握了其精髓，即IT与业务共创、迭代完善，具体怎么做就只需要在具体环境中进行打磨和完善。

敏捷是产品软性化的必然要求

可以这样说，敏捷方法并不是什么“神来之笔”，而是与软性产品特点最适应的生产方式。也就是说，敏捷不仅仅可以用来进行软件开发，只要产品够软性，采用敏捷方法就是最适合的。这样，敏捷就不再是IT组织的事，而是和整个企业相关。

数字化就是使产品软性化的东西。即使是传统的制造业，产品当中的软件成分也不断提升，包括软件本身和硬件的软性化。一方面大部分硬件都包含了软件，比如汽车。过去汽车里几乎没有软件，现在所有的汽车都有随车电脑，当中有大量的软件。即使不对硬件进行改变，只要修改软件就可以实现产品的升级。比如，汽车的仪表盘可以经过软件升级提供新的界面和操作功能。另一方面，由于数字化的赋能，供给侧产品软性化的能力也大幅度提升。从产品外观、内部组件到实现的功能，都可以按照客户的要求进行定制，按照市场的流行趋势进行调整。企业可以在几天内就推出一个新的产品型号，这在软件领域就被称为版本，现在这个词似乎也可以用于硬件领域了。对于那些服务业的企业，其产品的变化就更加容易，几乎不受硬件条件的制约。比如金融业，其产品也可以在几天内推出新的版本。

数字化带来的各行各业的软性化对企业提出了敏捷的要求，这与我们前面谈到的数字化的运营模式是一致的。这样，就出现了企业级敏捷的说法。这也是一种生产方式为适应产品特性做出的调整。我们也可以把它理解为生产方式需要适应生产力的要求，但不同的是我们强调产品的特性决定了生产方式。企业级敏捷要求企业在方方面面做出改变，从组织架构、授权、流程、决策机制、预算管理到企业的运行节律都要进行改变。对于大部分企业来讲，实现企业级敏捷是非常不容易的。所以，在认识到难度的同时，要采取比较恰当的转变方式。有些企业由于危机深重，必须采用革命式的转变方式。但对于绝大多数企业，采用演进式的转变方式是适合的。

实现企业级敏捷

实现企业级敏捷，要跨越许多障碍，有些需要解决深层次的矛盾，其中传统的层级式的组织结构就是一个不得不正确面对的题目。**之所以没有使用“问题”来讨论层级式的组织结构，是因为我认为不应把它作为一个问题来看。**因为层级制也是久经考验的有效的组织形式，这种组织形式已经跨越了几千年的人类文明史。同时，没有任何一个组织能够完全抛弃这种组织形式。层级式的组织结构与其说是一种组织结构，不如说是一种基因。改变基因非成百上千年不能完成，因此，**我们要实现企业级敏捷，同样不可以彻底抛弃层级制，而是需要对层级制进行创造性的适应性调整。**

首先，我们需要对企业级敏捷进行细致的分析，考察有哪些职能和业务需要实现敏捷。企业级敏捷并不是企业全部实现敏捷，而是敏捷的职能或业务是要跨全企业的。要分析哪些部分需要实现敏捷，我们可能还需要从产品入手。我们的企业有哪些产品是需要快速迭代的？在哪个领域是需要不断创新的？对于企业为数字化而设立的创新组织，其使命非常明确，就是要不断创新，因此毫无疑问需要实现敏捷。但在传统企业内，就需要进行细致的分析。有一种划分组织结构的方法，是把组织划分为三个大的部分：第一部分是面向客户或用户的所有部门，被称为前端办公室；第二部分主要是内部的运营部门，被称为后台办公室；还有一个属于企业的管理部门，被称为头部办公室。显而易见，前端办公室比后台办公室和头部办公室更需要实现敏捷。因为它面向客户、面向市场，客户端的变化很多，竞争对手也经常有新的招数出来，所以它必须能够实现敏捷的响应。所以，企业级敏捷从前端办公室开始是顺理成章的。

前端办公室实现敏捷，最常见的做法是建立产品制。产品这个词也是一个经常引起歧义的词。过去，管理学上曾经力图区分产品和服务，强调产品的有形性，服务的无形性。一辆汽车是产品，对汽车进行维护是服务。现在这样的划分已经过时了，有形的产品和无形的服务都被统称为产品。因为大部分纯粹有形或纯粹无形的产出物已经很少见了。也就是说一个产品既包含有形的部分，也包含了无形的部分，也可以只包含其中的一种。产品制当中的产品指的就是现在的概念，所以我们才会听到金融理财产品、固定收益产品、周末随心飞产品等。在业务部门看来，产品制一直就是它们的运营模式。产品设计部门根据公司战略或市场情况设计出产品，生产部门实现产品，然后市场营销部门将产品推向市场，销售和服务部门对产品进行销售和服务，运营部门对产品的运营情况进行监控，并提出改进或取消产品的建议，反馈给产品设计部门，这样不断迭代，产品组合就会日趋完善、稳定。在传统行业，这样的产品制一般迭代周期会很长，有的甚至会长时间没有新的产品。有的企业甚至都忘记了还需要对产品进行不断地迭代，因为行业太稳定了，又有“护城河”的保护。所以，最常见的情况是，企业的产品管理部门规模不大、能力不强。

可是现在不行了，产品的软性化使得市场上每天都有很多新产品，行业内变得骚动起来。行业外的玩家也不断侵入企业的领域。这些软性化大部分是数字化带来的，也就是软件带来的。新的形势要求企业重新建立健全产品制。仅靠业务部门本身的能力和人员是无法建立有效的产品制的，因为要建立的实际上是数字化产品制。这就要求实现**我们上面谈到的敏捷的核心：持续迭代和业务与IT共创**。必须建立起与市场节奏适应的迭代周期，原来推出一个新产品要几个月甚至更长的时间，现在要求把这个时间缩短到以周计甚至以天计。这样的变化，当然需要数字化技术和数字化平台的支持。也需要后台办公室和头部办公室适应这样的节奏和方法。后台办公室和头部办公室要不也加速自己的节奏，要不就把权力下放到前端办公室。当权力下放以后，我们就发现前端办公室更加具有产品制的特性，即自组织和自主决策。**可以看出，后台办公室和头部办公室的敏捷化更多的是适应前端办公室敏捷化的要求，所以敏捷化是开始于前端办公室，倒逼着后台办公室和头部办公室的转变。在倒逼力量作用下，后台办公室被迫分为中台办公室和后台办公室，以更好地支持前端办公室的敏捷，保障敏捷的安全性和风险可控**。头部办公室也不得不改变观念，改变管理的方法，从管控为主转变为监控和支持为主。许多管理流程将做出相应的改变，比如预算流程，年度预算制需要改成周期更短的预算制，监管严格的资金项目也需要有更多的灵活性。

产品团队的产生

我们上面说的敏捷仍然是业务本身的一部分，但企业级敏捷仅仅有业务是不可能的。业务和IT共创是敏捷的另一个核心。当把业务人员和IT人员组合成一个团队，就形成了数字化产品团队。但是，简单地把他们放在一起，并不能使团队正常运转。业务人员和IT人员从大的方面可以被看作两种人。业务人员一般喜欢和人打交道，做事更加灵活；IT人员喜欢与机器和代码打交道，遇事比较“轴”，认死理。更重要的是，这两类人往往不能互相理解。IT人员不能理解业务的语言，业务人员不能理解 IT 是怎么实现的。总之，把人员放在一起是不够的，需要双方相向而行，还要有一些具体的工作方法。

产品团队一般不能有太多人，以不超过 10 人为好。因为人员太多，就不容易实现有效地沟通。那么有的产品比较复杂，小团队无法完成，该怎么办呢？这就需要分解产品，把大产品分解成小产品。我们看到的许多 App 实际上背后是许多产品团队共同完成的，每一个按钮有可能就是一个产品。这样，App 是一个大产品，里面的小功能就是小产品。我们可以把 App 的框架（壳）划分为一个产品，里面的功能分成有单独产品团队支持的小产品。这样，产品团队组织就会形成一种结构。每一个业务线可以称为产品线，产品线之下有一些大产品，大产品又被划分为若干小产品。产品的开发过程采用敏捷方法，常见的有看板、Scrum 等。产品团队既实现了业务与 IT 共创，也实现了持续的迭代。

产品团队是由不同专业的人员构成，有的是全职的，比如产品经理、产品所有人、全栈开发工程师等，也有一些是共享的成员，比如架构师、安全专家等。每个产品团队里都有一个角色是不可或缺的，但往往被忽视，那就是产品营销专家。任何一个新的产品或是新的“版本”的推出，都需要进行主动的营销，确保产品获得足够的注意力，对用户有吸引力。要想产品对用户有吸引力，产品团队还需要有用户的参与。有的时候，产品团队的人要亲自去体验产品，以发现产品中的不足。我刚刚参加工作的时候，在航空公司的乘务员训练中心任职。当时就有一个制度，所有工作人员每年要进行两次航线实习。对于我们这些不是乘务员的人来讲，就是要像乘客那样去体验飞行。其实产品有什么问题，扮演一次用户就很容易发现。

一般来讲，产品团队的创新能力也是有限的，因为大部分产品团队是对现有产品进行持续迭代，所以很难跳出现有产品的框架。而实际上，有的时候需要打破产品的框架，对产品进行重新设计，或者设计全新的产品，产品团队在完成这样的任务时，往往会力不从心。当然，也会有少量的产品团队可以较好地完成这样的工作，但因为受限于产品团队的职能和权限，大部分产品团队不能完成。这说明，**产品创新，仅仅依靠产品团队也是不够的。**这就催生了一个新的组织——设计中心。

设计中心是怎么回事

设计中心的人员构成与产品团队是很类似的，不同的是它的职能在于对产品进行创新，而不限于对现有产品进行持续的迭代和优化。另外，在设计中心里，集中了最优秀的、有原始创意的人才。**设计中心要从用户的真正需求出发，解决他们的实际问题，这就是所谓的设计思维。因为用户提出的要求往往不是需求本身，设计中心要从表面的要求中发掘出真正的需求。**这就要求设计中心的人员深入用户的实际场景，发现影响或阻碍他们实现目标的问题，并提出解决的办法。比如，银行的设计中心人员可以到网点去蹲点，观察用户办业务的过程，从中发现那些引起“不快”的环节。他们也许会发现，虽然经过长期的信息化过程，许多柜员仍然需要操作不同的系统，使用不同的键盘和鼠标。在发薪日，网点的老人会比较多，排队的时间会比较长。这些问题并不是产品团队可以解决的，需要设计中心的人员提出一揽子的解决方案。有的涉及信息系统的整合或改造，有的涉及大堂经理的职责调整，有的甚至需要对网点的布局进行调整。他们甚至可能在问题中发现新的商业机会。类似的有在数字化水平不断提升的过程中，网点的传统业务功能在持续弱化，其经济效益和必要性也在减弱。如何应对这样的问题，会有不同的解决方案。有的银行会撤并网点，这当然会降低运营的成本，但缺点是会降低与用户和企业的亲密度，进而影响用户的信任度。我们看到，有的银行就会提出转变网点的定位，让网点从业务理的场所变成提供社区综合服务的场所。用户可以在这里欣赏大片，品茶或咖啡，这样用户和企业的亲密度得以进一步加强。以此为基础，新的业务机会就有可能产生。这样的解决方案需要设计中心来提出，还有许多解决方案不一定有这么大的规模，很多小的、新的解决方案也会被提出来。

解决方案提出来以后，就要求设计中心设计出可运行的原型，并且这些原型要进行实际的实验，如果确实好，接下来就需要把原型和方案交给产品团队去持续深化。

这样看来，设计中心的人员构成就会包括 IT 人员、业务专家、财务人员、管理专家、营销专家和心理专家。一般来说，企业的设计中心不可能很大，因为符合要求的人才并不会很多。可以采用一部分人员固定、一部分人员流动的方式组建设计中心。设计中心的主要领导、管理人员应该固定，其他人可以从产品团队中抽调。抽调的人员在设计中心工作一段时间以后，仍要回到产品团队中，防止与实际工作脱节。同时，经过人员的流动，产品团队的创新能力也会得到增强。

通过以上的分析，我们发现敏捷与层级制的组织之间是存在相容性的。只要层级组织可以按照敏捷的需要进行适应性调整，就可以实现两者之间的相容。所以，不要把机制的原因当作不能实现敏捷的借口。

上面我们讲的产品制的过程似乎是非常自然和顺畅的，但实际情况并不是这样。原因是什么呢？因为我们所讲的产品制是业务部门本然的东西，需要做的是产品的数字化。只要加入数字化能力，产品制就是自然而然的。可惜，大部分业务部门根本不知道产品制为何物，更不用说数字化产品制。在绝大多数企业中，推动产品制的恰恰是 IT 部门。当 IT 部门向业务部门介绍产品制的时候，业务部门首先就会迷失在产品为何物的疑惑中。可见，要想实现产品制，企业要对产品制有一个正确的认识。业务部门要接受，在数字化阶段，产品制是一种必然的主张。产品制对业务部门来说并非全新的东西，业务部门只不过是需要与 IT 共创和对产品进行更快的迭代。对于 IT 部门，向业务部门介绍产品制的时候，也需要跳出 IT 语言，进入业务语境中。

对于IT来说，产品制确实是比较新的东西。IT部门要逐渐熟悉产品制的术语和管理模式（可惜并没有形成理论化的模式，有的只是可行的实践），逐渐转变IT组织的运营模式。过去有研发、运维两个大系统，以后这个界限将被打破。在业务应用领域，研发＋运维（DevOps）的模式会成为主流模式。在其他领域，平台化、共享资源和云原生将成为主要模式。同样，IT本身的头部办公室也需要转型。战略、规划、架构和安全这些职能也需要与产品制相适应。适应性的战略规划（持续迭代的战略）、架构和安全将成为新的形式。项目管理办公室也会增加产品管理的职能。所有这些头部办公室不是要被削弱，而是变得更加重要，对它们的要求会更高。因为我们知道，产品制高度自治的基础正是具有高度艺术性的管控。

数字化故事七点评

中原银行的敏捷实践是传统企业中较大规模的实践，其难度不小。但正如本章讨论的那样，敏捷是数字化必须完成的转变。它与企业文化相配套，形成企业对变化的适应能力和创新能力。这个故事的特点是高层推动敏捷转型。在许多企业中不一定能在最高层形成这样的推动力，所以自下而上地推动也是一种方式。IT部门应该主动推进敏捷的工作方式和产品的组织模式。对敏捷也不能抱有不切实际的期望，认为实现敏捷以后就能创造奇迹。商业上的成功需要许多条件，但敏捷只是其中的一个条件。

第八章

意愿与能力：数字化领导力和文化

数字化故事八

蒋荣博士是一名“海归”，回国之前，他在美国一家基金公司担任要职。回国后在广发证券担任董事总经理，负责数字化工作。我和他见过许多次面，他穿着朴实，谈吐文雅。他给我印象最深的形象是在一次组织数字化高管圆桌会上。那天广州下着雨，蒋博士手里拿着雨伞，穿一件白色衬衣。因为蹚水，他的裤管稍稍卷起，匆匆赶到会场。这样的形象很难把他与外资基金高管的背景联系起来。但是他就是这样一个朴实无华、没有架子的人。在加入广发证券之时，他正赶上广发证券制定新一轮的信息化战略。

我和他在办公室就信息化战略进行了讨论，我向他提出了我的一些建议，他虚心接受并采纳了我的建议。后来我们谈到了金融服务的本质和金融机构的文化。他对我说，在原来的公司，每名管理人员都有一本公司文化的书。这本书描绘了企业的历史、核心理念、价值观、行为准则等。

他对我说，回国以后，他经常听到“炒股”这个词。他对这个词很反感，他说“炒”的意思是把没有价值的东西虚夸成有价值的，而这对金融机构来说是最要不得的。金融投资机构的使命是使客户的资产保值增值，要做有价值的事，就是不能“炒作”。他说数字化也一样，数字化领域需要数字化文化，而且文化的作用是决定性的。我十分认同他的观点。

不久，蒋博士做了两件培育数字化文化的事。第一件是组织了为期两天的黑客松。业务人员和IT人员自愿组成小组参加比赛。所有参赛人员在指定的时间里完成设计和产品原型的交付，大家在一起工作几十个小时，困了就睡在临时准备的行军床上。经过这次黑客松，大量优秀的创意被开发出来，在接下来的两年里，广发证券应用这些创意开发了不少的好产品。另一件是在公司开展了“人人都是数据科学家”活动。公司在业务人员当中选取了对数据分析感兴趣的人员，让他们参加数据分析的培训，亲自利用数据实验室开展数据实验。然后，选出其中比较优秀的人员任命为数据应用大使，让他们去带动本业务领域的数据应用。这样的过程不断重复，就使得越来越多的业务人员愿意使用数据，同时具备使用数据的技能。经过这个活动，在许多领域，数据应用蔚然成风，数据应用量和访问量成百倍地提高。

领导力

多年以前，我第一次从外企咨询公司听说领导力这个词。当时，我围绕领导力的概念，和一些同事讨论过许多次。我在考察了咨询公司关于领导力的定义之后，仍然不得要领。后来，我成为了一个不大的领导，在工作中遇到很多事，经过不断领悟，**我把领导力定义为让别人愿意接受其领导的能力。**在这个意义上，一个人并不是成为一级领导就具备了领导力。权力带来的强力可以算是一种初级的领导力，但不是主要的领导力。因为如果权力消失了，领导力也就不存在了。有领导力的人不一定是领导，反之，如果周围的人愿意接受其领导，这个人就具有领导力。那么领导力是怎样构成的呢？第一是要有愿景和前瞻力，能够对事物的发展方向和趋势进行比较好的把握，为他人提供方向上的指引；第二是乐于奉献，勇于承担责任，如果一个人斤斤计较，不敢承担责任，就很难拥有领导力；第三是善于分析和解决问题，当别人有困难找到他的时候，他能够帮助进行分析，并给出解决的办法和建议。没有领导头衔的人如果具备了这三点，也会获得领导力。但本身就是领导的人，如果有了这三点，其领导力就会更强，因为权力会放大这种领导力。

数字化领导力

在数字化阶段，企业需要发生许多方面的转变，我们上面谈到的商业模式、运营模式、组织形式等都会发生变化，有时候变化是非常彻底的。这些变化有的可以归结为硬件变化，包括办公场所、使用的系统和工具、设备等；还有一些可以归结为软件变化，包括流程、规章制度、考核办法等。但这些变化都是形式上或者内容上的变化，是比较好实现的。**但实现了也不能带来真正的转变，最重要的变化发生在“人件”方面，也就是人的思维、意识、能力和行为习惯等方面的变化。**这些变化可以统称为文化的变化，体现在领导层面被称为领导力，在员工层面被称为执行力。领导力和执行力是相辅相成的，但其中的主动因素是领导力，没有充分的领导力，就不可能有充分的执行力。但仅有领导力也是不行的，没有与之适应的执行力也不能实现数字化变革。

数字化领导力首先指的是领导团队的集体领导力，因为数字化变革需要团队的共同努力和参与。数字化是一种要求创造力的活动，不能指望上级把所有的事情都规划和布置好，下级只要按照领导的要求执行就可以了。整个领导团队要在一起进行不断地探索，在探索中前进。在领导团队中，企业的最高领导人当然是一个关键人物，有人说数字化是一把手工程，这种说法有道理。虽然，很多时候人们都愿意将某件事冠以“一把手工程”的名号，但这样的做法并不合适。因为，不可能所有的事情都要依赖一把手。**如果都是一把手工程，也就没有了真正的一把手工程。但是，数字化绝对是名副其实的一把手工程。**因为这里面涉及了业务变革和商业模式创新，其引起的变化会比较大。另外，数字化关系到企业的未来，是决定企业未来命运的关键因素。还有，数字化工作需要较大的投入，而且初期很多回报并不明显。所有这些因素都决定了企业的最高领导人必须重视和亲自领导数字化。我在过去的几年，服务了几十家国内的企业。我发现，凡是数字化做得比较好的企业，都是最高领导人对这项工作高度重视并亲自领导。我们说数字化的决定因素是“人件”，说明数字化工作的成败具有偶然性，也就是有没有几个关键的人在起作用。这几个关键的人正是数字化领导团队的核心人物，据我观察，这几个关键人物少不了企业的董事长、总经理、CIO和主要业务线的领导。这样的四人或五人组很多时候也是可遇而不可求的。没有这样的小组，数字化工作很难深入，也很难做出成绩来。

数字化领导力表现在愿景方面，要求领导团队能够比较深入地理解数字化技术带来的社会影响和商业影响，特别是对本行业、本公司业务带来的影响，能够对企业的未来业务形态进行充分的想象，并使用好理解、易记忆的语言进行概括。精炼而富于号召力的语言拥有超乎想象的力量，但是用语必须与本企业的业务相关，最好不使用如“数字化金融”之类的泛化的术语。像浦发银行使用“全景银行”这样的语言描述愿景就是比较出色的。因为数字化对行业带来的影响尚处于前期阶段，很难对未来有特别具体的描述，所以不要太纠结于细节，只要明确大方向就可以了。领导团队需要表现出对数字化的热情和“信仰”，需要带头学习数字化的知识，主动做数字化未来的“代言人”。**我们对数字化进行反思，绝不是要怀疑数字化的未来，因为任何科技带来的未来都是不可阻挡的。反思的目的是要剔除那些虚假的泡沫和炒作，发掘真实而有价值的**

东西，并拥抱这些东西。

有了比较明确的愿景，领导团队就要主动承担责任。**因为数字化的回报有的时候来得比较慢，甚至许多尝试都面临着失败，领导必须“躬身入局”，不能只在旁边吆喝。**要建立比较精密的数字化治理和管理体系，明确各级的职责和责任，特别是领导团队自身的责任。领导团队也需要善于解决数字化过程中的各种问题，这就要求领导团队对这个工作真懂、真干。做到真懂和真干其实并不容易。许多数字化技术都是新生事物，领导虽然都有比较渊博的知识和丰富的经验，但面对新生事物时往往表现出领会能力的不足。我们看到很多企业，在接触到数字化的概念之初，领导就言必称之，不到一两年就宣布数字化取得了辉煌的成果。但仔细看这些成果，基本上都是传统的信息化应用，没有数字化的成分。这种情况都不是真懂、真干。因为迄今为止，大部分企业在数字化上取得的成绩都是不足的，更不可能在一两年之内就获得成功。作为一个信息化的阶段，数字化可能需要十年左右的时间才能走完征途。

CIO 的领导力

在数字化领导团队中，有一个非常特殊的人物，就是企业的 CIO。CIO 在英文中是 Chief Information Officer，意思是首席信息技术官，而在中国的企业中其实很少有这样的称谓，特别是在国有企业中更是如此，与此角色对应的是首席信息化师或者分管信息技术的副总裁。但如果这位分管副总裁不太懂数字化或信息化，我们就不能认为他是 CIO，在这种情况下信息科技部门的负责人就是实际上的 CIO。孔子说过：“名不正则言不顺，言不顺则事不成。”很有意思的是，在国有企业长期没有 CIO 这个名号的背景下，中国企业的信息化工作取得了巨大的成就和进展。可见，并没有名不正的问题。上面提到的这些职位都履行了 CIO 的责任。这再次证明，中国的信息化和数字化确实有一个不一样的体系，有必要建立一套独特的语言系统进行描述。在国外，有的企业还会有首席数字化官、首席数据官等称谓。但在中国，单独设立这些职务的企业似乎并不多。我个人也不是特别赞成单独设立这些职务，因为 CIO 其实就是首席数字化官最合适的人选。为了方便讨论，我们把 CIO 设定为数字化的负责人。

CIO 为什么在领导团队当中很特殊呢？因为他被认为是数字化的“行家”，可以领导数字化工作。但实情并非如此！CIO 也许算得上数字化技术的“行家”，但说到数字化业务，大多数情况下他并不是“行家”。因为在数字化的初期阶段，我们很难说谁是数字化业务的“行家”。所以，大多数 CIO 根本无法领导数字化工作！许多企业把数字化的主要责任交给了 CIO，希望他领导科技部门完成数字化的使命，这在结构上是根本行不通的。**在数字化工作中，CIO 是一个被赋予了过高期待，但并不具备相应权力和能力的人。**上面已经讨论过，企业的数字化工作必须由企业的最高领导人亲自领导。但是，我们也必须认识到 CIO 在数字化过程中确实应该起到特殊的作用，因为大部分 CIO 都是最早接触到数字化概念的人，所以我们说 CIO 离数字化最近。我们可以把他想象成“取经人”，他取来了真经，也能念经和讲经，但真正实行经义的是那些业务的领导人。既不应该把 CIO 放在一个过高的期待上让他经受“炙烤”，也不能忽略他在数字化中的“领导”地位。确实，CIO 应该“领导”数字化，但这种领导实际上是一种推动。他有责任在企业中就数字化进行“布道”、鼓动领导和群众，让他们认识到数字化的重要性，理解数字化的内涵。他有责任与业务部门中的“早慧者”建立合作，共同实现数字化的试点。他有责任为企业数字化打好技术基础，提供技术平台。如果 CIO 没有有效地履行这些责任，那他就不是一个合格的 CIO，不是一个对历史负责的 CIO。

必须理解，数字化说的是数字化业务。**也就是说，业务部门是数字化的主体。如果数字化的工作没有进展，业务部门的领导应该承担主体责任。**但业务部门的领导面临的问题是大部分人不懂数字化。所以 CIO 需要帮助他们学习数字化。本书尽量从业务角度去描述数字化，也是希望帮助业务领导人学习数字化。如果不解决业务领导人的数字化知识问题，企业的数字化就是空谈。我觉得有必要专门为业务领导人开设一门课程，让他们学习数字化。这本书可以算作一个课程的基础。写到这里，我想起来中日甲午海战那段令人沉痛的历史。虽然拥有亚洲最强大的舰队，但中国军队仍然没有打赢那场战争。排除掉其他原因，中国军队在战斗中使用的一字排列的阵法，与舰船燃气动力的特性不匹配应该是战败的主要原因。企业可以装备最先进的数字化技术，但是如果不能建立与之配套的战法，所有的技术都是没有意义的。所以业务领导人应该知道自己对数字化承担的主体责任。

其他领域的领导力

数字化领导团队的其他人也很重要，包括CFO、人力资源总监、采购部门的领导等。他们也需要认识到自己在数字化工作中的责任，预算的流程和周期需要调整，人才结构需要调整，采购策略也需要调整。**“以不变应万变”的态度只能成为数字化的障碍。**比如，在预算方面，对ROI的分析一般是一个硬性的要求，但有很多数字化投入在初期很难做出精细的ROI，这就需要设定不同的预算要求。在采购方面，许多企业对供应商的资质有硬性要求，殊不知很多数字化技术只有创业型公司才能提供，而按照资质要求，这些公司很难符合。所以，也需要设定更加灵活和适应性的资质标准。

在数字化的大潮中，领导团队的每个人几乎都有相应的责任，尽管责任不同，但无人可以置身事外。**企业最高领导人承担的是领导责任，CIO承担的是推动责任，业务部门领导承担的是主体责任，而其他管理部门的领导承担的是支持责任。**看起来业务领导人应该承担的责任最多，但现实与此相距甚远，也缺少实现的条件，企业和社会为此需要付出的努力还有很多。

数字化文化

讨论完领导力，让我们开始对与数字化配套的文化进行一点分析。领导力和文化都是软性的东西，属于我们说的“人件”的领域，但它们都是数字化能否取得较好效果的决定性因素。文化所包含的意义可以很广，我们甚至可以说一切都是文化。但是为了使读者在阅读时有抓手，我们把文化限定在意愿和能力两个方面。意愿是指对数字化采取什么样的态度，包括是否愿意使用数字化的技术开展工作，是否愿意使用数字化技术对工作进行改进，以及是否愿意用数字化技术对业务进行创新。能力指是否具备通过数字化实现上述意愿的能力。意愿和能力是相辅相成的，有意愿就可能主动去发展能力，而能力越强，拥抱数字化的意愿也就越强。

意愿

意愿看起来是很简单的事，但是否真的有意愿还要看是不是采取了相应的行动。比如，有没有花时间主动去了解数字化技术以及技术带来的新模式、新方法等。现在想获得这些方面的信息并不是很难，虽然网络上充斥着大量的“掺水”的资源，但也确实有一些比较中肯的介绍、分析文章或讲座，特别是在官方媒体上的资源是可以信赖的。大部分业务部门的员工，甚至领导，其实没有仔细思考过数字化的问题。很多人都认为自己是数字化的被动接受者，技术的事应该由技术部门去操心。**我们上面谈到过，数字化的核心是数字化业务，如果业务人员认为它是技术部门的事，就真的是大错特错了。**对于IT专业的人员，数字化的意愿似乎不应该构成问题，但事实并非如此。有相当多的IT人员其实也缺乏数字化的意愿，或者受制于所熟悉技术的“路径依赖”，或者缺乏改变的勇气。**员工缺乏数字化的意愿只是一种表象，其背后的原因在于企业缺少拥抱新生事物、持续学习和创新的氛围（或称文化）。造成这样的结果，企业的**

领导团队、特别是一把手当然摆脱不了干系。有很多企业的领导，虽然自己很喜欢学习新的东西，对新生事物津津乐道，但并没有把这样的习惯传递给整个企业。如果想让企业的员工成为喜欢学习、喜欢创新的人才，需要有一些制度上面的安排。比如，优先提拔有这样特质的人，开发适合不同层次人员学习的课程，安排个性化的学习计划和进度，组织有关的竞赛活动等。总之，通过具体的制度、活动使员工对数字化热心起来，推动他们主动去了解数字化。

能力

提升数字化的能力更加需要具体的行动，但不外乎学和练两个方面。学指的是学习数字化技术的应用技能，包括数据分析、数据解读、图表制作、低代码编程等。我记得在过去，评职称的时候需要考核外语和计算机操作能力。这样的方法其实是有意义的，通过把数字化技能与职称评定结合起来，会保证中高级职称的人掌握基础的数字化技能。在企业里，可以为不同的岗位设定不同的数字化技能标准，建立切实可行、符合实际需要的技能标准体系。在数字化技能培训方面，不要采用大水漫灌的方式，而要将精准培训与普惠培训相结合。企业并不需要把所有员工都培训成具有高度数字化技能的人员，而且这也是不可能的。所以一定要根据岗位需要进行研究和分析，设定合理的课程和标准。普惠培训也是有必要的，一方面，可以让更多的人了解数字化，另一方面，也可以通过普惠培训发掘出那些有数字化潜质的人才。数字化技能是所有人都应该具有，但所需的技能内容和层次是不同的。在这个层次的背后，实际上是企业数字化人才梯队。企业应该把数字化人才梯队划分为领军人才、核心人才、骨干人才、基础人才等。越往上，对人才的综合能力要求越高，而数字化的整体水平取决于基础人才。

学是指在课堂上学习或练习，这些都是纸上谈兵，要想真正提高数字化能力，必须进行实战的训练。对个体来说，可以通过在岗位上应用所学的数字化技能进行训练，这是比较容易实现的。但对于领军人才和核心人才，许多企业都比较头疼，因为这样的人才很难获得。有的企业花大价钱从市场上雇佣这样的人才，希望通过引进精英人才完成数字化的使命，这不失为一个可行的方式。**但是企业一定不要忽略对内部人员的挖潜，对一个有一定规模的企业来说，理论上各种人才是具足的，或者退一步讲，各种人才的潜质是具足的。企业缺少的不一定是人才，而是发现人才的“慧眼”和培养人才的“名师”**。如果有比较好的人才发现和培养的机制，各种所需的人才一定会脱颖而出。但是，传统企业对人才的考评、选拔流程和标准比较固化，与数字化人才的选拔不太适应。比如，我们会观察到大多数企业喜欢“听话”的人才，殊不知数字化的业务变革和商业模式创新恰好不能太“听话”。不管是从市场上找到的人才，还是内部发现的人才，都应该给他们提供在不同岗位进行锻炼的机会。数字化需要设计思维，就是跳出原有业务框架去发现问题和解决问题。如果对业务没有比较深入的理解，连业务框架是什么样都不清楚，又如何能跳出去呢？

数字化是一个团体赛，个人的数字化能力固然重要，集体的数字化技能更重要，即一个部门、一条产品线要提高数字化技能，展现出符合数字化的新能力。我看到过一篇关于反恐部队训练的报道，讲的是传统反恐队员与数字化无人机作战队员联合训练，演练人机协同的战法。这个例子对企业形成整体的数字化能力是很有借鉴意义的。**作为一个集体，数字化技能的提升是战法的提升，即我们前面所讲的要改变运营模式**。但是这种模式的改变，并不是安装了平台、配备了移动设备就可以自然实现的，这需要业务与中台部门、IT 部门联合训练才能形成。在演练过程中，形成原始的运营手册和指南，在工作中不断完善营流程和指导手册，这样集体的数字化技能才能获得提高。我发现大部分企业缺少对业务流程的演练环节，除了为保障重大事件的演练以外，很少会为新的运营模式或商业模式进行演练，往往都是在工作中不断摸索，自然形成战法。但是为了发挥新技术的优势，企业也应该借鉴军队的做法，进行演练，而演练的任务可以交给创新部门去完成。

数字化领导力和文化在数字化的构成要素之中是比较“虚”的要素，但起的作用最大。小的时候我长在农村，身边的长辈有时候会这样夸奖一个孩子，说他“做事像一个文化人”。意思是他会说“字儿话”，做事有礼貌，有条理。成为一个“文化人”曾经是中国人多少代人的梦想，因为在过去，大部分人都是文盲或半文盲。如今，数字化作为一个影响力最大的趋势之一，成为一个数字化的“文化人”也应该成为绝大多数人的追求。数字化的文化人是那些懂数字化语言、掌握数字化知识、具有数字化思维和能够应用数字化技术的人。**数字化的文化人就是拥有“数智”的人，拥有“数智”的企业就是数字化的企业。**发展数字化领导力和数字化文化，最重要的是要把“虚”的东西做“实”。正如我们上面谈到的，要有一些具体的措施和安排。

但我们应该避免在构建数字化领导力和文化的时候急于求成，因为人的改变会是一个比较长的过程，特别是对于一个组织的行为来讲，这个过程会更缓慢。我们注意到，每一个组织都有一个“灵魂”，从其创建之初就伴随着它。一个组织的久经考验的“灵魂”，是其长期生存和发展的基础。但在新的历史条件下，也很可能成为其发展的障碍。在数字化的过程中，对灵魂中好的文化要继承和发扬，比如艰苦奋斗的精神、诚信经营的信念等。但对于那些不利于发展的部分，要下决心抛弃，比如固化的思维、骄傲自大的态度等。还应该避免认为领导力和文化是无法改变的倾向，把本章讨论的内容看成无用的真理。**现代人太过习惯于直接解决问题，要求头痛医头、脚痛医脚，希望看到立竿见影的效果。殊不知，有些事就是需要那些看似“无用”的道理和方法才能解决。**

数字化故事八点评

广发证券推动数字化文化的故事很值得其他企业借鉴。因为文化涉及的方面特别多，从制度、流程、规则到考核等。但是因为涉及方面多，很难做到面面俱到，必须找到一两个点，以点带面进行推动。黑客松和“人人都是数据科学家”活动恰好是两个非常有效的抓手。但在以点带面之后，还需要系统化地推进。当然在文化转变的过程中，领导力是绝对不能缺席的要素。如果领导集体不能带头，不能给予足够的支持，局部的、良好的数字化文化氛围就可能是昙花一现。

第九章
组织与治理：业务与 IT 的关系

数字化故事九

宁波银行是一家独具口碑的城市商业银行，在所有上市银行中市盈率一直名列前茅，在市场认可的背后，它有一个强大的数字化力量的支撑。宁波银行前科技部总经理沈栋是一位年轻有为的数字化领导。在数字化的进程中，沈栋坚持必须激发业务部门的内驱力。他说，业务领导如果不主动推进数字化，企业的数字化工作就不可能取得成功。

和许多其他企业一样，宁波银行的 IT 组织和业务组织之间的配合也存在不协调的问题。建立完善的 IT 治理机制是优化 IT 与业务关系的必备措施。宁波银行建立了科技治理委员会，在公司最高层面实现了业务与 IT 的对齐。但这只是完成了第一步。接下来，根据业务布局，科技部成立十个业务支持中心，直接与不同的业务条线进行对接。为了防止技术平台部门化的问题，企业加强了总体架构的管理。这些都是许多企业会采取的通行做法。但沈栋发现，有了这样的体系还存在不足：每个业务线上与IT对接的人员级别不够高，无法提出具有战略高度的需求。沈栋认为在业务部门必须有指定的高级管理人员负责与IT进行对接，而且这个人员需要懂数字化。但是业务部门的领导大多忙于业务，无暇学习太多数字化知识，如何才能解决这个难题呢？宁波银行经过研究，提出了一个非常独特的解决方案。

这个方案就是从IT队伍中挑选经验丰富的管理人员到业务部门任部门副职，由他们站在业务部门的立场上和IT进行对接。这样的做法在中国的企业中是不多见的，虽然在许多企业也有调IT人员到业务部门任职的情况，但目的和作用与宁波银行的情况完全不同。宁波银行的领导团队有这样的魄力来完成这个安排。为了防止“屁股决定脑袋”，他们决定把这些人员调到业务部门以后，让他们在IT部门兼任副职。也就是一人兼两职，虽然人主要属于业务部门，但在IT部门也有责任。

一系列的IT治理活动较好地实现了业务与IT的协同，为宁波银行的数字化工作提供了健康的组织环境。数年来，宁波银行的数字化进展有目共睹。在数据驱动的业务方面，新型借贷服务、智慧营销大脑提高了业务的智能化水平。在对公业务方面，通过平台连接机构，提供场景化的服务。

业务与IT的关系，是信息化和数字化工作中最重要的关系。

从事技术的人比较容易“过分”强调技术的决定性作用，但从事业务的人大多并不这样。中国有句古话，叫“干什么吆喝什么”。也就是说为自己从事的专业确立充分重要的作用是一种现实态度，如果做这个工作的人都不认为它重要，那么这个工作一定是做不好的。我有一次和一位企业的IT领导人交流了这个问题。他说他注意到，有的企业并不重视信息化工作，但业务上似乎也没出现大的问题，甚至与重视信息化的企业相比，也没有表现出业务上大的差异。

他的观察引起了我的共鸣，我也观察到了类似的现象。这样的现象让我很沮丧，也引起了我的不安。因为我也曾经认为，技术应用的水平关系着企业发展的成败，现在看来这样的认识是不全面的。企业业务的好坏，是由许多因素决定的，比如在管理学上著名的4P理论，即地理位置、产品、价格和营销措施等。我的老领导，国航上市时的董事长李家祥先生也有过一个论断，公司业务的关键在于卡位，只要卡住了好的位置，就基本决定了业务的成败。他还用猪吃食来作比喻，有的猪围着猪槽子到处转，这里吃两口，那里吃两口，但很难吃到最有营养的食物。有的猪找到了喂食的入口，往那里一站，低头拼命地吃，就比其他所有的猪吃得都好。他的这个比喻我很能领会，因为我小的时候家里养猪，也确实养过这样一头猪。

企业的先天优势可能变成劣势

企业有很多的条件是先天的，比如所在的市场、所处的行业等，这对于传统企业来说会决定先天的优劣势。特别是在政策导向和宏观调控下的市场，这种先天的东西很难改变。我们可以认为，这些条件就是企业的硬件，一旦确定，就很难改变。当然也不是完全不能改变，但是改变硬件需要的周期很长，付出的代价很大。企业如果具备了先天的优势，当然是一件好事，企业就可以比别的企业以更小的力气取得成功。**但是，从另一个角度看，这些优势也很可能变成劣势。因为缺乏危机感，也就缺少进步的动力。**我熟悉的一家企业，就是这样的企业。在中国，它的业务只此一家，伴随着中国经济的发展，经济规模的不断扩大，这家企业的业务也在逐年上升。过去，因为引进了西方的先进技术，它是行业技术的领导者，所有的用户企业和上下游企业都以它为学习的榜样。但多年以后，当“学生”都完成了技术方面的成长，就觉得“老师”不能与行业的发展相适应了，屡屡表示不满，甚至想要另起炉灶。可见，先天的优势只是暂时的，如果不能与时俱进，也会面临巨大的危机。

企业如果先天条件不太好，势必需要在后天做得更多、更好。这样，企业的运营模式、业务流程就会成为业务的决定性要素。我们前面已经谈到很多，运营模式、业务流程都是IT技术可以发挥作用的地方。从这个角度讲，科技就会成为决定性的力量。**如果企业的软件由科技力量打造，由具有科技特性的“人件”运营，就会给企业带来更大的生机，甚至是以弱胜强的机会。**中国有一家地方航空公司，所处的地理位置在中国的东南，虽然不差，但也算不上最好。但其长期保持盈利，而且有最好的收益水平。当人们询问何以至此的时候，发现该公司有一套自主研发的收益管理系统，这是当时中国唯一自主研发的类似系统。这个案例虽然是个案，但也可以说明，科学技术确实是一种业务水平的决定力量。

业务好坏与IT无关是一种假象

其实我们根本就不需要怀疑技术对生产力的决定性作用。我们大多数人都学过人类社会发展史，根据马克思主义的观点，生产力决定生产关系，在生产力中的决定因素是生产工具，每一次生产工具的进步，都意味着生产力水平的巨大发展。我们这个时代是一个科学技术爆发的时代，特别是一个技术应用爆发的时代。除了生物工程、新材料等技术外，最让人激动、影响力最大的就是信息技术和数字化技术。近期中国和美国都在量子计算上有了很大的突破，即在某些专用领域，量子计算机已经建立了计算优势（超越了传统计算机），这是非常令人激动的技术进步，同时也是让人十分惶恐的技术事件。因为，我们根本无法对其影响进行准确的评估和把握，心慌、心跳的感觉是最直接的。因为我们知道，又一次技术“革命”即将到来。这场革命要革我们每个人的命，也许意味着更好的生活，也许意味着其他的东西。

所以，**对信息技术的应用水平不高，业务表现却很好，这一定是一种短期**

的“假象”。**企业虽然可以凭借先天优势暂时保持辉煌，但因为缺少了新科技的注入，企业的生产力会逐渐“钝化”，劣势会逐渐显现出来。**更为严重的是，企业缺乏创新动力和科技活力，根本不能适应数字化带来的产品“软性化”的趋势。虽然企业看上去仍然很强大，但实际上就是一个空架子。**作为企业的领导人，如果不能有效把握数字化时代的脉搏，并实现对企业的改变和转化，其实就没有发挥自己应有的作用，没有承载时代赋予的使命。**如果仔细考察就会发现，即使是那些对 IT 不太重视、应用水平不高的企业，其必备的信息化手段也是不缺失的，而这也是其业务表现不错的主要因素之一。

当我们不再怀疑 IT 技术对业务发展的决定性作用，就需要把注意力转到如何保证把这种决定性作用发挥好上面。我们在前面已经谈了几个方面，但那些方面似乎都是比较“高大上”的东西。要把这些东西落到实处，必须做好的一件事，就是处理好业务部门与 IT 部门的关系，以及与此相关的业务人员与 IT 人员的关系。这些关系，是既古老又长期难以解决的问题。几乎没有哪一家企业已经成功地处理好了这些关系，有的虽然实现了某种程度的和谐，但离实现高效、务实的关系还有较大的距离。

我经常听到 IT 人员抱怨业务人员对 IT 人员的工作不理解，IT 的工作很难做。当我在企业中从事 IT 工作的时候，也曾经这样抱怨过。但是后来，当我成为一名业务人员，能够从业务人员的角度去看这个问题的时候，我才发现，其实业务人员的工作更难做。坦率地讲，在每天忙于业务工作，被各种指标“逼着”低头拉车的时候，业务人员根本无暇去考虑 IT 问题，只是不断感受到 IT 系统的不好用、没有用。我想，企业的业务领导可能和我的体会差不多。只不过因为我做过 IT 的工作，又从事与 IT 相关的研究顾问工作，我并没有去抱怨 IT 人员或 IT 部门。因为我知道，**系统不好用、没有用根本不是 IT 人员和 IT 部门单方面造成的。因为信息化也好，数字化也好，都是团体项目，如果做不好，问题一定在于两个团队之间的关系没有处理好。**

IT 对业务兼具服务和管理两种功能

我们可以把 IT 工作看作对业务的服务，是一种服务形式的工作，服务者和被服务者之间必须很好地配合才能把服务工作做好。就好像我们去理发馆理发，在美发师开始工作之前，双方要有一些沟通，确定大概剪一个什么样的发型。在开始以后，被服务者需要坐住，不能乱动，发现问题要及时反馈。而美发师绝不能完全按照自己的意图做发型，而不管被服务者的反馈。从这个过程中，我们可以看出，美发的过程是一个服务者和被服务者“共创”的过程。这和我们前面讲到的产品制和敏捷方法是一样的。

但是企业的 IT 工作又比服务工作要复杂一些，因为企业的 IT 部门不仅仅是一个服务部门，同时也是一个管理部门，是对 IT 资源进行管理的部门。如果它是纯粹的服务部门，满足被服务部门的需求就可以了。**但是作为管理部门，IT 部门就需要考虑资源的有效利用和整体效能问题，有的时候不能满足需求反而是正确的。**这样一来，问题就变得复杂了。既要满足需求，又不能满足所有的需求，就产生了哪些需求可以满足、哪些需求不能满足的问题。我们也许会说，IT 部门要满足合理的需求，但事实上有很多需求即使是合理的，也不能满足。**毕竟需求太多了，合理的需求也太多了，而 IT 资源永远是有限的，只能满足一部分合理的需求，甚至要满足一些“不合理”的需求。**要实现这样的目标，IT 治理就是一个必须有的机制。做好 IT 治理，是建立健康的 IT—业务关系中最重要的环节。

IT 治理

所谓 IT 治理，就是建立一套可以确保 IT 资源得以有效利用的机制。具体来说，就是要在企业的各个层面都建立业务与 IT 融合的机制。在信息化的初期，我们根本不敢使用融合这样的词语。那个时候，在 IT 治理上使用的是对齐。所谓对齐，就是 IT 与业务对齐，与业务的战略和需求对齐。这要求 IT 部门理解业务的战略和需求，并依据业务战略和需求制定 IT 的战略和规划。这样做看起来很科学，实则不然。因为这里面包含了先后的顺序，即先有业务战略和需求，然后才有 IT 的战略规划。大多数传统企业都经历过这个过程，经过艰苦的努力，终于让 IT 与业务对齐，可以开始实施信息化规划了。虽然大部分企业在信息化规划实施过程中都遇到了巨大的问题，但无论如何也完成了七七八八。在业务战略和需求不断变化的过程中，信息化规划可以在不进行大范围修改的情况下得以执行，确实是因为 IT 治理机制是有效的。但这种执行也暴露了业务变化与信息化不变之间的矛盾，只不过在信息化初期，这种矛盾不是主要矛盾。当时的主要矛盾是把“一穷二白”的信息化系统尽快建立起来，只要大体上与业务相符，就可以了。那个时代是“先僵化”的时代，用先进的 IT 系统去建立业务流程成为大多数人的共识。

从对齐到协作再到融合的关系发展

僵化的目的是建立流程，因为许多企业是没有成型的流程的。在建立流程之后，企业进入流程的“固化”阶段。虽然流程有不合理的地方，但是有流程总比没有强。要强迫所有人适应并按照固化的流程进行工作，这就是对齐的时代，不管乐不乐意、合不合理，都必须对齐。在这个初期的阶段，主要的信息化组织包括信息化推进委员会、项目管理办公室和项目团队等。现在说起来，对齐似乎很轻松，但经历过那段时期的人都知道其实对齐一点也不轻松。为了完成阶段性的目标，大家没少吵架，甚至闹矛盾。**所以我对信息化的历史有一个总结，就是信息化有一个“丑陋”的过程，但结果还是比较美好的。**从事信息化工作的每一天，都是比较痛苦的，让人觉得似乎失去信心。但回过头去看一看，每一个阶段又都有一个不错的结果，它鼓舞着我们继续前进。

流程和规范建立以后，就需要不断优化。这个时候仅仅对齐就不行了，业务和 IT 的关系需要进一步发展，进入协作阶段。协作阶段需要双方增进理解，我知道你的想法，你也知道我的想法；我理解你的做法，你也理解我的做法。这样，双方才能发现改进的机会。与僵化和固化的阶段相比，优化的工作是比较细致的工作。但好在大部分优化都是对局部进行改造，所以总体上双方协作的难度并不是很大。难度比较大的部分在于系统之间的打通和业务流程之间的打通。信息化初期建立了大量独立的应用系统，大部分采用不同的数据标准和接口标准。但是为了实现协同效应，进一步提高系统的连接能力（那时候叫自动化能力，其实不太恰当），需要把系统之间打通。要完成这样的任务，要统一标准、统一接口，甚至统一架构，需要 IT 与业务更加密切地配合，所以需要协同。在组织方面，就产生了技术标准和架构团队。在这个阶段，IT 治理进入了需要更专业的知识的阶段，组织机制需要进一步完善。坦率地讲，大部分传统企业还没有完成这个阶段的使命。因为，完成这个阶段的使命，就意味着数字化阶段要求的平台化的基础已经搭建完成。然而，数字化不等人，在几年之内，互联网公司蓬勃兴起，为人们展示了一幅完全不同的图景，告诉人们数字化阶段已经到来，人们需要加速进步。

就这样，在饭还没有做熟、夹生的时候，就需要在上面盖上菜和肉，数字化的任务已经降临了。这个时候，企业需要进一步对 IT 系统进行平台化的改造，与此同时，还要开发出新的数字化产品和服务以适应市场的变化。**特别是后者，要求企业建立起产品制，形成企业级敏捷，而这就提出了业务和 IT 融合的要求。融合的含义是你中有我，我中有你，共创共享。**与此相适应，新生的信息化团队是产品线和产品团队，我们也可以称其为数字化团队。总体来看，数字化组织的主要构成包括信息化委员会、项目管理办公室、架构团队、平台团队和产品团队。有些企业还有数字化委员会，根据我的观点，数字化委员会和信息化委员会应该合二为一。前文已经讨论过这样做的好处和理由，在此不再展开。

IT 治理的层级

我们应该回到 IT 治理的总体结构上看一下 IT 治理过程中的组织层级及其各自的机制。最高一层是数字化委员会，负责确定数字化战略、工作优先级，建立数字化监控系统，以及对重大变更和事项进行决策。委员会一般由分管业务和 IT 的公司领导构成，企业的管理部门、业务部门和 IT 部门的领导代表也会加入委员会。在这一层级上，协同和融合体现在委员会的结构方面。但是有一点需要注意，在委员会里 IT 方的领导大多数都是“弱势群体”，从数量上讲处于劣势。因为历史的原因，许多企业的领导层中，IT 背景的人员很少。我们经常看到的是一位科技部的领导与其他都是业务出身的领导在一起开会。这种情况给这位 IT 方的领导提出了更高的要求，即他必须是一个“全才”，同时拥有很强的个人魅力，才能有效地表达 IT 方的意见和诉求。

许多企业的数字化委员会的运行效果不理想，也就是说不能在决策层面保障 IT 资源的有效利用，对 IT 投入的优先级排序起到的作用比较有限，或者是没有优先级排序，或者是按照“声音”大小进行排序。出现这种结果的原因是多方面的，有的是议事规则不够明确，有的是组织者的工作能力不足，但最重要的原因是许多委员会的运作缺少专业支撑，委员会拿到的资料和信息不够充分。**关于项目论证的资料往往是就事论事，很少把不同的项目进行对比分析，所以只能看出单个项目是否合理，无法对整个投资组合进行合理性研究。**

在整个 IT 治理结构中，数字化委员会处于最高层，可以把它比喻成头部或者大脑。我们知道，人体仅有大脑是不能有效地工作的，还需要有躯干和四肢。项目团队和产品团队就可以被看作四肢，因为这些团队属于生产机构，不会出现缺失的现象。而且，在大部分企业中，项目团队都是传统的“强壮”部门。IT 做什么、怎么做，基本上由项目团队决定。但这种情况是不合理的，会造成强者恒强、弱者恒弱的局面。所以可以想象一下，仅有一个健全的大脑和强壮的四肢的有机体，仍然是不健康的，所以必须有躯干或者腰部。一个人的力量强不强，其实不完全取决于四肢，腰部的力量起的作用更大。**那么，在 IT 治理结构中什么是腰部呢？我觉得企业架构部门就是腰部。**企业架构这个词也是从英语直接翻译过来的术语，容易引起歧义。在英语中，企业架构是 Enterprise Architecture，简称 EA。这里的 Enterprise 直译过来是企业，但其含义与我们所理解的企业不同，指的是组织实体以及与其密切相关的实体构成的集合，它包含了我们所说的企业、政府机构、非营利组织等实体。所以当西方人使用 Enterprise 的时候我们需要把它理解为组织。而 Architecture 本意是建筑的结构。所以，我们可以把 EA 翻译成信息化总体架构，就比较好理解了。

信息化总体架构的主要使命是完成业务与 IT 系统之间的映射，一张架构总图可以清晰地展示 IT 系统对业务的支撑情况。这样，就可以分析哪些支撑是合理且有效的，哪些是薄弱环节。还可以把企业的战略转化为未来的总体架构图，这样就可以很容易地决定未来的投资方向。具体到对数字化委员会的支持，架构团队可以为委员会提供信息化的全景，并对具体的项目进行适用性分析，对不同项目的价值和紧迫性进行对比分析。这些专业的支持为数字化委员会的决策提供了有力的支持，同时，也可以屏蔽相当一部分不合理的需求和项目。我在企业任需求架构办公室主任期间，在总体架构管理流程建立的第一年，就把 100 多个项目优化成 70 多个，大大提高了 IT 资源的有效性。还有一点，我认为总体架构和 IT 战略应该整合为一个职能。因为 IT 战略的基础就是总体架构，其方法也是总体架构的方法。很多企业把这两个职能分开，其实会造成职能上面既有重叠又有脱节。

我接触过的大部分企业的总体架构能力都是不足的。因为大家被这个职能所需要的人才和专业能力“吓”住了。按照教科书的说法，这个专业特别复杂，人才难以获得或培养。**其实如果抓住最重要的目标，并不一定需要特别复杂的专业知识。相反，很多不足那么重要的细节问题，反而需要特别精深的专业知识。**企业希望建立总体架构管理能力，一定不要初期就陷入细节中，被不重要的难点挡住了道路。一般来说，初期只要找到两三个有系统化思维、对企业有深入了解、沟通能力强的人就可以把这个职能建立起来并发挥非常大的作用。这也符合二八原则，即以 20% 的投入，达到 80% 的目的。当然，随着工作的深入，建立更加专业的、规模更大的团队也是有必要的。因为，架构团队会指导每个项目、产品的工作，需要关注大量的细节。在架构团队中，也要包含业务和 IT 的人员，也就是在这个层面也要实现 IT 与业务的协同。

到了 IT 治理结构的执行层面，产品团队和项目团队就是主要的组织。在这些组织当中，特别是在产品团队中，IT 人员和业务人员需要形成融合团队。大家每天在一起工作，承担共同的目标和使命，时间久了，甚至很难分清谁是业务人员，谁是 IT 人员。据说国外的某些金融机构中，像高盛，某些部门就具有这样的特点。国内的互联网企业中这样的融合团队也是非常普遍的。

有了上、中、下三个层面的协同或融合，IT 治理的组织模式还缺少一点连接。就是在业务部门层面与 IT 部门日常的、持续的连接。提供这个连接的角色被称作 IT 业务伙伴。他可以是由 IT 指派的，经常与业务部门领导进行沟通的专业人员。从他的工作性质可以看出，这个人是一个级别比较高、经验比较丰富的专家，他需要有能力和业务部门的高层进行“平等”的沟通。还有一个角色也很重要，就是在业务部门的领导层中专门负责数字化的人，在国外被称为业务单元的 CIO 或者 CDO。这个角色在中国的企业中并不多见，许多和公司层面的 CIO 一样，是一位兼职的领导，大都没有 IT 的背景。其实兼职并不是一个问题，反而是一件好事。因为兼职意味着有更多的权力，可以按照自己的想法做些具体的事。但缺少 IT 的背景确实是一个问题，因为如果缺少必要的 IT 知识和经验，本人又不太愿意学习，就会造成在其位难谋其政。我并不是说外行就不能从事专业的工作，但前提是这个外行一开始虽然不懂专业，但必须经过努力变成内行才能做好业务单元的 CIO 工作。我见过很多半路出家的 IT 领导人，他们可以把工作做得比内行还好，是因为他们愿意学习，成为了具有宏观视野的内行。

通过在各个层级以及横向的协同、融合，在组织上保证了业务与 IT 的有效合作，保证了 IT 资源的有效利用。但还需要有配套的机制，组织的作用才能发挥到位。这些机制包括工作流程、冲突解决的原则、定期的会议和工作坊机制等。最重要的机制莫过于考核机制和奖惩机制。对于符合 IT 治理原则和行为规范的行为，要有奖励，反之，要有惩罚措施。比如，对于不遵守流程和规则的部门可以实行 IT 资源的限制等措施。与奖惩措施比较起来，合理的考核机制更加重要。要想实现业务和 IT 的协同或融合，需要双方坐在一个板凳上，而能让双方坐在一个板凳上的有效方法就是双方共担一部分绩效指标。只有有了共同的绩效指标，才算是真正有了共同的目标。在过去，系统上线的时间是 IT 部门的指标，而业务部门不承担这样的指标，结果是业务部门对上线不太关心，急死 IT 部门。但反过来，如果 IT 只关心实现需求，不关心系统上线后的业务收益，也会导致业务部门无法实现目标。所以，团体项目就是要大家承担共同的指标。但承担共同的指标并不是说大家的指标完全一样，而是根据分工不同，每方承担不同的指标的同时，共担一部分共同的指标。

随着信息化工作的发展和深入，我们经历了 IT 和业务的对齐、协同，直至融合。IT 的组织结构也经历了从部门化到中心化再到中心＋分布式的过程。其实每一种组织形式都是历史发展的必然结果，都是生产力决定生产方式的实例。最初的部门化，是因为信息化从单机版的应用开始，逐渐产生了部门级的应用。但部门化导致了 IT 资源的分散，以及数据的不一致和集约性差，也因此产生过大量的风险。我记得许多行业都出现过营业部的资金被挪用，而总部全然不知的事情。所以才出现了数据大集中、IT 资源大集中的中心化阶段。信息化的主要任务都是在中心化阶段完成的，因为资源大集中保证了资源的有效利用。但是随着系统实现全覆盖，数字化带来的产品“软性化”的需要暴露了中心化的定制化和敏捷能力不足的问题，于是许多部门建立了 IT 组织。业务部门建立 IT 组织，并不意味着 IT 与业务的协同和融合得以自然实现，我们上面谈到的治理机制仍然是必不可少的。而在重新设立部门 IT 的背景下，企业的整体 IT 治理又面临了新的课题。但是必须清楚，无论采取何种中心＋分布式的形式，有些职能还是需要集中化的管理，包括战略、总体架构、基础设施和全局性应用。

随着数字化技术的不断发展和成熟，业务部门与 IT 部门的关系出现了一些新的趋势。上面谈到了协同和融合、共同创造等关系，但是二者之间的服务与被服务关系仍然是有效的。在服务方面，IT 部门仍然是服务于业务的，但是这种服务变得更加主动、更加专业。有一部分 IT 人员与业务人员实现了融合，但也有一部分在中后台提供更加专业的服务。比如，平台的构建人员为业务部门搭建可以按照使用者想法进行应用创建的平台，包括低代码开发平台、数据自服务门户等。这样的趋势使得技术应用的门槛进一步降低。所以我们看到这样一种服务的结构，一方面，IT 人员和业务人员实现协同和融合，可以共同创造那些具有高价值的产品和应用；另一方面，IT 人员通过技术平台的搭建，使业务人员具有了“自服务”能力，拥有了自己开发个性化需求的应用能力。这样，成规模的应用需求和小众的应用需求均获得了必要的关注和解决。

曾有一个朋友来电向我询问对于一名 CIO 最难的工作是什么，我的回答是处理好业务与 IT 的关系。我向她解释，这里所说的关系既包括与业务部门的领导关系，也包括与企业领导的关系，特别是与董事长、CEO 等人的关系。因为其他的工作都是比较好做的，有大量的合作伙伴、下属可以帮助 CIO 去完成，包括总体规划与系统的设计与实施等。**但唯独处理 IT 与业务的关系这件**

事，CIO 必须自己去做。一个 CIO 如果对处理 IT 与业务的关系感觉到畏惧，或者不愿意去投入足够多的精力，那么他不会是一个好的 CIO。而处理好这些关系，就是我们上面谈到的 IT 治理机制可以“机械化”解决的问题。**但是我们都知道，业务与 IT 的关系本质上是一种人与人的关系，只不过处理这种人与人的关系要求有专业的技能和系统化的方法。**人与人的关系其实并不是那么容易处理好的。比如，CIO 与业务领导和其他领导的想法、思维模式是不可能完全一致的，当冲突产生时如何去化解？一味迁就对方肯定是最失败的，因为这样做的结果只能是 IT 治理目标的失败，也就是 IT 资源没有得到有效的利用。但是，都按照自己的想法做，也肯定是行不通的。因此，CIO 必须安排充足的时间和利益相关者进行沟通，了解他们的真实想法和感受，并在沟通过程中把自己的思路潜移默化地传递出去，真正做到知己知彼。通过对其他人的了解，就慢慢知道了企业内的水流方向和深水区。**CIO 要像一个航行者一样，既要朝着自己的目标前进，又要选择好路径。最直、最近的路径往往不是最快的路径，甚至有可能是根本不可行的路径。**

解决方案可行性的三层考量

多年以前，我和一位好友交流怎样分析一个方案是否可行。我们建立了一个三层的分析架构，最底层是技术，中间是财务，最上边是政治。技术上是否可行是最基本的决定因素，因为技术上不可行，方案就无法实施。但仅仅是技术上可行，没有好的财务回报，投入产出比不理想，这样的方案也需要商榷。但即使财务上的汇报也很合理，这个方案也不一定就是一个可行的方案，最终的决定因素是政治因素。这里的政治既包括企业的政治，也包括国家的政治。如果方案与国家政治导向有背离，当然是必须否定的。但是，如果方案不符合企业的政治，也很难实行。这样的框架对 CIO 处理好 IT 与业务的关系也是很有借鉴意义的。在企业中，许多事情的发展都是螺旋上升的，需要有耐心、有韧性才能达到航行的彼岸。

数字化故事九点评

宁波银行的 IT 治理是优秀的，从治理机制、组织架构和角色设计等方面都满足了治理的需要。特别是让一些人员兼任业务与 IT 双职能的做法是一种独创。但 IT 治理也需要不断向前发展，随着数字化的深入，业务和 IT 需要融合。下一个阶段可能需要实现业务人员和 IT 人员建立融合团队，直到有一天在业务部门有很多具备 IT 能力的人员，难以区分两类人员的差别。当然实现这一目标需要很长的时间，也可能永远无法实现。但无论如何，宁波银行现有的科技治理结构已经为企业带来了竞争优势。

第十章 无意与有意：拷问数据价值

数字化故事十

实工家居（虚拟企业）是一家中小型家居制造类企业，主要产品包括各类家具、普通门、背景墙等，在行业中处于中等偏上水平。近几年来，公司不断加大对信息化的投入，建立了ERP、订单管理、客户服务等业务系统。系统建设为企业积累了大量的数据，如何使这些数据产生价值成为CIO关注的问题。CIO是一名很有业务思维的领导，他知道要推动数据产生价值，仅靠IT的力量是不能完成的。因此，他考虑在业务端寻找同盟者。可是，他应该找什么样的同盟者呢？

他首先想到了运营总监，在开发ERP系统的过程中，他和运营总监建立了良好的合作关系。但当他找到运营总监谈这个事的时候，运营总监婉言谢绝了。拒绝的理由是ERP系统中的数据和报表已经基本可以满足他的需要，企业运营总体也是正常的，开发新的数据分析系统没有太大的必要。CIO想，看来同盟者也不是太好找，要多用点心思。这个同盟者首先应该有痛点，对数据的需求比较迫切，同时他应该在企业中有较大的影响力，这样才能有力推动数据价值的实现。这样的同盟者应该考虑从公司管理部门中找，这些部门掌握资源和权力，出于管理的需要，对数据有需求。于是他想到了CFO。

CFO负责组织公司的经营分析会，在分析会之前需要收集大量数据。这些数据除了来自财务系统的数据，大部分数据是各个部门手工报送的数据。CFO的团队需要把这些数据整合起来形成经营分析报告，这个工作耗时又费力。而且，因为数据口径和理解上的差异，许多数据在会议上会被来自不同部门的人置疑。CIO认为，帮助CFO解决经营数据的整合和分析工作，会对CFO有很大的支持。于是CIO找到了CFO，说可以帮他建立一套经营数据分析系统。CFO听了当然很高兴，两个人迅速达成了一致意见。

经过几个月的努力，经营数据分析系统上线了，解决了部分手工处理数据耗时费力和数据口径不一致的问题。但是CIO发现，经营数据主要包含一级经营指标，无法有效暴露指标背后的运营问题和管理问题。于是他考虑进一步对数据系统进行开发。可是开发必然会触及企业深层次的问题，暴露很多管理上的问题，搞不好就会捅了“马蜂窝”。CIO深知，他和CFO已经无法完成这个推动任务，必须让公司的董事长来参与。CIO和CFO最终说服了董事长建立了数据治理委员会。在委员会的支持下，数据系统持续开发，在第一期报表中，就挖掘出了产品返修率偏高的问题。经过管理改进，每年为企业减少了上千万元的成本。

数据真的可以依靠吗？

我们已经讨论过，数据驱动的业务是数字化的核心要素。但是，尽管有多年的努力和探索，数据的价值仍然是一个能够引起怀疑和争论的话题。曾经有一位朋友问我，是不是应该相信数据是决定性的因素，并坚定地把数据作为一切工作的依据？也许许多读者对这样的疑问不以为然，我们做的信息化和数字化工作不就是因为我们相信数据的力量吗？不就是因为我们相信数据可以“如实”地反映现实世界吗？但是问题的答案并不是那么简单。**在数据领域，一直有一个争论，就是我们应该依靠数据还是应该依靠直觉进行决策？对于这个问题的回答，应该是一个差不多一半对一半的结果。**我们曾经抱怨，许多领导在决策的时候都是“拍脑袋”，根本不看数据。从“存在即合理”的角度看，这样的决策方式也是合理的。通过“拍脑袋”做决策，不一定比通过数据进行决策的正确率低。**如果我们遇到数据分析的结果与常识完全不相符的情况，大多数情况下我们会选择倾向于常识。这难道不对吗？**

以上这些讨论既是自然的，也是合理的。因为这些问题是现实存在的。一方面，数据这个东西到底是什么其实并无定论。古希腊的哲学家毕达哥拉斯认为万物皆数，他有完整的理论体系去论证这个结论。但这只是他的一家之言，并没有获得广泛的认同。数据可以是一种符号，是对事物的一种表征方式。但也有人认为数据是一种实存的东西，如同柏拉图的理念论一样，数据存在于理念的天空中。对数据的哲学拷问不是本书的重点。读者如果感兴趣，可以查阅有关数据哲学的著作。但是我们不应该陷入这些无法解决的问题当中，因为当我们把目光投向无尽的空间、甚至是我们目力不能及的空间时，很容易陷入怀疑论和不可知论的迷局。我们应该回到现实中来，回到我们的能力和认知的范围中来，去解决在工作和生活中面临的问题。当我们这样做时，我们可以确信，数据是有价值的，数据是可以依赖的资源。因为我们看到了大量的通过数据获得洞察，并很好地指导工作的实例。这些实例在前面的论述中已经讲过很多了，这里不再赘述。

直觉和常识是怎么回事？

那么通过直觉进行决策是怎么回事呢？这里面有两个层次的过程，首先，在对问题进行分析的过程中，决策者其实无意间已经应用了大量的数据。**所谓的常识，实际上是大量数据积累的结果，可以把它们看作数据分析的结果。**正是“无意”地应用了数据，才有了后来的“拍脑袋”。在拍脑袋的过程中，有些是依据“算法”，即“在这种情况下应该采取这样的行动”。但也有一些确实是“灵光一现”的产物，而后者是更加宝贵的东西。这也正是“拍脑袋”的真正价值，这种“灵光一现”的东西往往决定了决策的质量和水平。**这样，就得出一个很重要的结论：数据是决策的基础，而决策本身才是最重要的。**这就又回到了我们谈过的话题，人在数字化过程中是决定性要素。仅仅有数据作为基础，没有人的决定性作用，数据的价值就无法得到有效的发挥。有很多企业，做了不少数据应用的项目，包括数据的基础建设，但总是感觉不到明显的数据价值，其中一个主要的原因就是“不懂数”。

“不懂数”背后的含义不是不懂数据本身，而是不理解数据的业务含义，不能把数据放在业务背景中去理解数据的业务含义。这样讲有点拗口，举一个小例子来说明。同样是20℃的气温，在冬天是“暖”，而在夏季是“凉”。如果不管季节，也就是业务背景，一律归结为“不冷不热”，那就是不懂数。回到企业的业务环境中，当看到产量逐月增加，应该如何解读？又应该做出什么反应？显然也必须看业务背景。产量的上升有可能是好事，也可能是坏事。一般情况下，可以认为是好事。但如果过度生产，使市场出现饱和或者“厌倦”情绪，就会给企业带来很大的隐忧。多说一句，看到人口在减少，许多经济学家觉得是人口红利的丧失，但当我们站在数字化的背景下，也许会得出不同的结论。因为，人工智能也是一种新型的劳动力，如果人的工作被人工智能大规模取代，就不存在劳动力短缺的问题。这么说可能会引起对数据应用的“畏难”情绪，因为“懂数”看起来并不是一件容易的事。我想说的是，**数字化本身就不是一件容易的事，认识到它的难点，才能找到正确的道路。如果认为它不难，反而会使它变得更加复杂和困难。**

不懂数造成的误区和错误

因为不懂数，人们会陷入许多误区。比如过度信任数据及其分析结果、因果倒置、分不清因果关系和同时关系等。这些误区当然会导致数据价值无法实现，而这些与数据本身何干？这些都是人造成的问题，解决了人的问题就不会再怀疑数据的价值问题。我列举这些人的问题，不是要对人进行批评，更不是要表现我自己的高明。事实上这些错误也是我不能避免的东西，作为一个从事数字化工作多年的“老兵”，我仍然时常感觉自己“数智”不足。

过度信任数据和分析结果是一种“低级错误”。如果我们把数据看成对现实世界的一种表征，就应该知道这种表征是不完全的。其清晰度和完整度与现实世界存在很大的差距。如果一个企业的数据治理工作做得比较好，数据质量比较高，那么数据的可靠性就会比较高，但再高也不可能达到完全可靠。**在使用数据和分析结果的时候，心中应该有一条铁律，就是要设定数据的可信度。**分析结果出来以后，要对其进行验证，除了使用数据进行交叉验证以外，还要与“常识”进行对比。如果与“常识”不符，就需要进行深入的研究。结果既有可能是数据分析结果出现了问题，也可能是“常识”需要被颠覆。

因果倒置的错误是一种比较“高级”的错误。说其高级，是因为再聪明的人都有可能犯这样的错误。人们对于因果关系的认定往往是想当然的，当观察到某些事情相关时，就会建立因果关系。其实因果关系是一个非常复杂的关系，真正的因果关系并不是能够轻易获得或确认的。比如对客户流失的问题进行分析的时候，有的模型可能发现用户使用量下降与客户流失之间有关系，于是分析人员得出的结论是使用量下降是客户流失的原因。殊不知，使用量下降是客户流失的结果，客户已经流失，所以使用量才下降了。比如，联通的手机用户忽然每个月的通话时长大幅下降，其原因是该用户办理了移动的号卡，已经开始主要使用新号码了。所以，在建立因果关系的时候，要经过多方考察，并与“常理”进行比对。如果草率地建立因果关系，这样的数据分析不会产生价值，反而可能带来负面的影响。

数据之间还有一种共时的关系。比如打雷和闪电之间的关系，从感官上讲，我们会发现雷声晚于闪电，这样就可能认为打雷是由闪电引起的。但科学知识告诉我们，这两者是同时发生的，都是云层放电引发的。数据应用的误区中，也有很多是错把共时关系当成因果关系。这种误区的问题是把两个结果之一当作原因，没有抓到“根子”，所以也不会创造任何价值。

在数据应用过程中，因果关系是一种最关键的关系，因为找到了原因才能解决问题。但这个关系又是特别不好找的关系，没有经过特殊培养和训练的人是不能胜任这样的任务的。差不多三十年前，我第一次去九华山，在一座寺庙的门口看到一幅对联：“相逢只谈因果，行路莫负朝霞。”可见因果之事大矣！在**数据分析过程中，大数据只能找到相关性关系，但无法确定因果关系。确定因果关系是必须由人完成的工作，这也是从较长的时期内看，机器学习和人工智能无法具备人的智能的一道门槛。**

以上这些误区可谓无心之错，因为认知水平的不足，必然会造成各种误区。这些误区也是比较好解决的，只要提高认知水平，多学习，掌握科学的方法，就可以规避。但也有一种有心之错，是需要更加警惕的。有许多企业设立了专门的运营管理部门，为了表现专业性，会经常提出各种模型用于指导生产。他们有的利用不充分的数据，有的故意颠倒因果关系，创造的模型五花八门。这样的做法，非但不能让数据的价值变成现实，反而会阻碍数据文化的培养。我讲的这种现象并不是空穴来风，希望读者重视，特别是作为领导，一定要及时发现这样的倾向并及时予以纠正。

通过数据提供的洞察指导业务工作，是数据价值的基础。在这个领域，数据价值的实现需要企业进行有效的数据治理。我们可以把数据治理看作信息化治理的一个分支，与信息化治理比较起来，数据治理的工作更加枯燥和难以实现。有许多企业在进行数据治理时，把握不好数据治理的核心目标，造成了数据治理的效果不佳。数据治理的目标是什么呢？我们在讨论 IT 治理的时候曾经说过，IT 治理的目标是确保 IT 资源的有效利用。**在此，套用这句话也是合适的，数据治理的目标是数据的有效利用。有些企业在进行数据治理时，没有从有效利用数据的目标出发，而是把具体任务，包括数据的责权划分、定义、数据的质量当成了目标。**有的企业甚至提出打通全部数据以及数据全部准确的目标。这样的目标作为一个口号或一种策略有一定的益处，但实际上这样的目标既无必要也不可能实现。当然，厂商和服务商喜欢甲方提出这样的目标，因为这样的目标一定意味着巨大的投入。

两个途径实现数据有效利用

数据有效利用可以从两个方面去理解，**一方面可以从业务问题角度去寻找数据利用的机会。**比如企业发现在某一个阶段销售额直线下降，就应该看看手头的数据是不是可以帮助解释背后的原因。如果企业的数据比较完整，这方面的努力一定会有所成就的。但数据不足的情况也很常见，在这种情况下就需要外部数据的支持。以问题为导向，从数据中找答案，是数据应用的最好的入手点。在使用数据的过程中，可能会发现数据的质量问题、属主问题和其他管理问题，然后有针对性地去解决这些问题，就是一个自然而然的数据治理过程。

另一方面，可以从数据出发，挖掘新的价值。许多企业都有大量的数据，包括银行、保险公司、航空公司等组织，拥有的数量既多又全，且质量高。但是这些数据的价值往往不能有效地发挥出来，因为没有人知道到底存在哪些数据，就好像开矿的人不知道地底下的矿藏有哪些、储量有多大。所以，对数据进行全面的盘点是非常必要的。最早如果要对数据进行盘点，大部分需要人工填写表格，效率极低且不能保证数据与实际情况一致。而伴随着技术的发展，当前这样的工作大部分可以通过自动化的手段完成。应用元数据、源数据管理工具，可以有效地对数据进行盘点。但是盘点之后，要想从这些数据中发现价值，还需要人工处理，而且需要高水平的专家进行“冶炼”和“锻造”。在大数据技术和人工智能的帮助下，“冶炼”工作的效能也获得大幅的提升。比较好的人工智能可以在指定了分析主题之后，自动完成数据分析模型的发现。

上面谈到的第二种实现数据有效利用的方式，即从数据出发“探矿”的方式，是一种比较困难的方式。有很多时候，虽然付出了极大的努力，但不见得有像样的价值体现出来。这也是为什么数据的价值总被怀疑的原因之一。这种方式之所以难，是因为它其实是要从数据中挖掘新的业务或者发现现有业务当中“颠覆性”的东西。所以，这样的方式非常适合那些希望以数据为生的新型企业，比如字节跳动。对于那些希望转型为以数据为生的企业，这样做也有现实意义。据我观察，大部分传统企业没有在这方面取得成功。也就是说，绝大部分企业的重点仍然是通过数据解决现有业务中的问题或为现有业务赋能。**所以我谨慎地提出一个观点，就是数据的价值一般不能超过业务价值本身，希望通过数据创造比业务价值本身更大的价值对大多数企业来说都是不现实的。**有人把数据比作新时代的“石油”，我觉得有一定道理。也许数据能够创造的直接价值和间接价值比石油还多，**但我们必须要注意，数据不是石油。直接销售数据或数据的产品产生的价值不一定能达到石油的规模。数据的价值更多的是间**

接的价值，也就是通过数据和数据产品，使企业的产品变得更好，甚至开发出更好的新产品，进而创造出价值。石油仅仅提供动力和能源，而数据能提供催化、放大甚至魔幻作用，其可以产生的间接价值是无法估量的。所以，我们根本不需要怀疑数据的价值！

除了刚才讲的两种价值实现的方式外，其实还有一种看不见（无意的）的价值。**数据就像空气，我们虽然无时无刻在呼吸空气，但大部分时间我们并没有意识到空气的存在。**当代社会，每个人随时都在使用数据，但并没有意识到数据的存在。无论是打开手机，还是登录一个系统，人们随时都在消费数据（同时也产生数据）。在企业中，几乎没有一个岗位可以离开数据开展工作。所以说数据无处不在，数据的价值也无处不在。

数据治理是关键

实现数据的有效利用是一个难题。除了我们讨论过的一些数据利用误区外，数据治理问题也是其中的关键问题。前文就这个问题做了一点讨论，接下来我想多讲一点数据治理的方法。**在我看来数据治理工作是自上而下和自下而上相结合起来开展的。**自上而下是说企业需要有比较完善的数据治理结构，数据治理应该作为企业最高层的使命和承诺，各级管理人员也需要承担明确的使命和职责。统一的数据标准、定义也是必要的。数据的各级组织，包括数据管理组织、数据分析组织也需要是健全的，还有与数据有关的角色，包括首席数据官、数据工程师、数据模型建模师、业务分析师、数据监护人等都是必要的。还有，需要有一个数据治理和应用的规划（与信息化总体规划一体），以便企业可以在规划的指引下一步一步完成数据治理和数据技术设施的搭建工作。最后一点，也是最重要的一点，要有一套可以保证有效的奖惩机制。**可以说自上而下的推动是轰轰烈烈的，要点是让每一个人知道企业的导向，明确自己的责任，让企

业合理安排资源，明确清晰的数据战略。但是，仅仅有了自上而下的推动，仍然不能保证数据的有效利用，甚至可能出现雷声大、雨点小的情况。所以必须要鼓励、引导自下而上的推动。

实现自下而上的推动，要求IT建设具备自动化能力的数据技术设施，包括刚才提到的数据管理工具、数据湖、数据仓库、数据分析工具、数据门户、自然语言查询工具等。在业务侧，要培养广泛的“公民数据科学家”和数据“发烧友”，让他们可以自主地通过数据分析沙箱验证自己的数据想法。有了好的想法和实践，还需要建立畅通的信息发布和上报渠道，让好的想法在一定范围内推广，让创意人获得必要的鼓励和收获。

破除数据利用的障碍

与数据治理密切相关的还有数据组织的问题。什么样的数据组织才是合理的？数据组织是放在IT侧还是放在业务侧？说实话这些问题同样没有标准答案。任何一种组织形式都有其优势和劣势，放在哪一侧都有好处和不足。我见到过各种各样的数据组织，有作为企业一级部门独立存在的，也有放在IT部门内部的，也有放在某个主要业务条线内的。建立合理的组织机构的目的当然也是实现数据资产的有效利用，如何组织、放在哪一侧，要根据企业的具体情况进行安排。但是不论如何组织，都要注意破除数据有效利用的主要障碍。

第一个障碍是部门界限导致的数据共享问题。虽然从理论上讲，数据是企业的公共资产，但在具体运作过程中，因为数据的产生部门不同，很容易造成数据所有权的部门化。许多部门不愿意把数据共享给其他部门，背后的原因是多方面的。有的是认为数据是一种权力和砝码，如果给了别的部门就使别的部门拥有了同样的权力和砝码。也有的是因为数据会暴露本部门工作的不足，不愿意“家丑外扬”。数据不共享的借口很多都是数据安全和隐私保护的限制问题。但正如我们前面说过的，随着包括联邦学习等新技术的发展，从技术上是可以保障数据安全和满足隐私保护的需要的。所以，更多的切实的障碍还是来自于部门之间的“墙”。在历史上，为了打破这样的墙，许多组织曾经采用数据大集中的方式。首先是物理上将数据集中到总部，然后逐渐建立企业级的数据仓库，使数据可以在企业层面实现共享。但是进入数字化阶段以后，因为企业级敏捷运营的要求，很多技术能力又会出现分布式的趋势，在这个趋势下，数据源甚至是数据仓库再次出现分散，希望保持数据的共享特性就需要有具体的机制保证。比如，建立企业级的数据管理原则，规定所有数据归企业所有，各部门不得阻碍数据共享。还有，不管采用哪种组织模式，在总部层面，都应该有对数据管理负责的角色或部门，统领企业的数据治理和管理。

第二个障碍是 IT 部门与数据部门、业务部门之间的界限导致的配合问题。这类问题经常出现在数据部门和 IT 部门各自独立的情况下。虽然有了独立的数据管理部门，但很多数据源在应用系统中，而 IT 部门是对这些应用系统进行管理的组织。因为数据部门和 IT 部门的职责不同，工作重点不一致，在需要获得数据源方面的支持的时候，IT 部门配合不及时的情况是常见的。更别说两个部门的领导如果历史上有些矛盾，这种配合就会更加不顺畅。这种情况下，IT 部门和数据部门有必要建立一种“合同”关系，IT 部门是服务供给方，数据部门是服务需求方，要有清晰的条款约束各方的责、权、利。当然，“合同”关系之外也少不了部门间的“友谊”和配合，这就与企业文化密切相关了。

在这种组织模式下，业务部门和数据部门的关系是一种“协同”关系。“协同”关系与“合同”关系比较起来，强调的是更密切的关系。因为数据部门虽然懂数据，但对业务的理解可能远不如业务部门的人员那么深。而业务人员对数据工具和技术的应用水平又会差一些。能够有效发挥数据的价值需要业务人员和数据专家紧密配合。所以，最好的模式是联合办公。大家坐在一起，经常在一起研讨和头脑风暴，共同发现问题和解决问题。

第三个障碍是能力障碍。这一点前面已经讲过了，在此做一点补充。无论采用何种组织模式，都需要有与之配套的能力。而且数据的前、中、后台对能力的要求是不一样的，不需要看齐。不同的企业，因数据文化的差异也需要采用不同的配套手段。几年前，我和国内一家媒体的 CIO 交流这个问题时，他向我谈了他的一个设想。他说想扩大数据部门的规模，增加分析报告生产人员的规模。这家企业的数据部门归属于 IT 部门。当时我很疑惑，因为我的观点是生产分析报告是业务部门的事，IT 部门去做这件事得不偿失。但事后我仔细考虑了他的想法，我觉得他的做法是有道理的。为什么呢？我经历过企业办公进入自动化的初期，那个时候没有计算机，只有打字机和复印机。每个企业都会配备打字员这样的岗位，专门负责打字和复印。虽然现在大部分企业中这样的岗位都已经消失了，但在当时，在新技术刚刚引进，员工普遍没有掌握使用技能的情况下，这个职位是非常必要的。所以在企业中增加一些“帮助其他人使用数据”的岗位也是必要的。现在我们看到企业都在忙着建中台，**而中台实际上就是由技术平台支持的能力共享中心。严格意义上的数据中台是由数据技术平台支持的数据分析能力共享中心，并不是一个技术系统，而是由技术、人员和流程组成的复合体。**至于数据中台具体对外提供什么服务，可根据前台的需要进行动态的调整。如果前台的能力比较强，就以输出算法和数据接口为主。如果前台能力不足，必要的“手把手”的服务也是可以提供的。**所以，数据中台必须实现“业务化”。也就是它不能是一个纯技术系统，必须包含业务能力。**

两年前，我曾经做出大部分企业的数据应用水平尚处于初级阶段的判断，现在有必要更新一下我的判断。随着数字化工作的推进、企业数据文化的发展，当前中国大部分规模以上的企业数据应用水平都有了较大程度的提升。总体表现为数据应用的范围广、部分领域深度深、对数据的重视程度有所提高，但是离数据价值的实现、以数据驱动业务的商业模式和运营模式还相去甚远。

本章的题目是拷问数据价值，是因为数据价值的问题对数字化太重要了。

如果不能以无法辩驳的分析明见数据的价值，数字化工作就失去了理论基础。好在经过我们的反思，我们相信数据的价值是毋庸置疑的，而且数据的价值大部分是通过业务实现的，还有一部分价值，即数据本身的价值也是不可估量的。

数字化故事十点评

实工家居的故事告诉我们，数据的价值是巨大的。**即使企业看起来运营都比较正常，也不能认为不存在问题。企业越是表面平静，越可能隐藏着极大的风险**。实工家居的情况是企业的收入、利润都处于较好的水平，这很容易给人一种错觉，即企业的经营管理水平很高。其实收入和利润水平高很可能是由行业、市场的特殊条件造成的。当特殊条件消失时，企业马上会陷入灭顶之灾。实工家居的 CIO 和 CFO 是负责任的，他们坚信数据的价值，持续推进数据的应用，对企业来说是一种幸运。

第十一章
可为与不可为：数字化伦理

数字化故事十一

仲良是一名优秀的大学毕业生，与大部分学生不同，他很有自己的想法和追求。毕业后仲良加入了一家平台公司做程序员。一开始，他在前端负责开发，开发一些界面、网页。由于他工作努力，写代码质量高，被转到后台算法部门负责开发算法。他负责的具体工作是分析客户的行为，为客户画像，识别客户的消费习惯，并分析客户的经济实力和对价格的敏感度。他不知道这样的分析被用来做什么。直到有一天，他被安排去编写业务规则代码。

原来负责编写业务规则代码的人离职了，据说离职前与公司有一些不愉快。仲良是一名优秀员工，虽然这份工作对他来说有点大材小用，但是他很快调整好心态，开始了新的工作。为了尽快熟悉工作，他对已有的业务规则进行了学习。在学习中他发现了一些让他觉得不太好的规则。比如，他发现平台会根据客户对价格敏感度的不同，为不同客户推送不同的价格。有些客户得到的同样产品的价格比其他客户高出很多，有的甚至高出30%。这让仲良心里很不舒服，他觉得这样不公平，于是他把这个感觉向他的领导作了汇报。他的领导听了他的汇报以后先是表扬了他的工作表现，然后告诉他业务规则是业务经理定的，程序员的责任是用技术实现它，不需要考虑太多的问题。业务经理对他说，商业就是这样的，从客户身上获取最大的价值。但这与仲良的价值观不符，他认为企业应该为客户创造最大的价值，并从中获取合理的收益。但公司的流程不允许程序员决定业务规则，他只能执行。

后来，在工作中仲良发现，平台不但不公平对待客户，也同样不公平对待平台上的商家。对那些不听命于平台意愿的商家，平台会故意让他们在搜索结果的最末出现，甚至刻意把他们的差评置顶。结果是这些商家要不然缴纳更多的服务费，要不然只好惨淡经营。仲良觉得，他的工作已经成为不公平商业行为的帮凶。为此，他郁郁寡欢。后来，他终于离开这家平台公司。

数字化伦理问题实际是关于数字化到底是为了什么的问题。虽然理论上，数字化技术可以做的事越来越多，不能实现的事情会越来越少，但在伦理上坚持技术使用的自由意志，或者说坚持有所为、有所不为反而变得越来越重要。现在越来越引起重视的科技向善问题，就包括了数字化伦理问题。科技向善的根源在于知识向善。在古代，无论是在西方还是东方，知识与道德都是一体的。苏格拉底说“道德即知识”，中国儒家经典《大学》开篇即讲“大学之道，在明明德”。这些道理现代人其实很难理解。

数字化无所不能吗？

近几年来，伴随着数字化的热潮，特别是在各种自媒体的推动下，数字化似乎成为了一种无所不能的"神器"。人们更多的是被数字化带来的无限可能所陶醉，而对其负面影响视而不见。然而在最近一年多的时间里，风向似乎出现了 180 度的大转弯。在对互联网巨头垄断和无序扩张进行打击的同时，出现了一种对数字化的反对甚至是"讨伐"的声浪，似乎数字化又变成了"万恶之源"。

数字化当然不是万能的，其背后的数字化技术有着不小的局限性，想通过现有的技术解决所有问题是不可能的。即使是被推崇的人工智能，迄今为止要实现人类全方位的智能也是毫无可能的。还有各种脑机接口，其实仅仅具备了感觉部分的功能，并没有实现人类的知觉。在人类的主观世界的秘密未被破解之前，想实现上述这些设想是完全不可能的。而人类对主观世界的了解仍然是很少的。**即使撇开数字化技术本身的局限性不谈，数字化也不能完全突破物理世界的定律，凭空造出"神迹"来。**

我们以电子商务为例，现在普及的电商确实给人们的生活带来了极大的便利，但前提是生产厂家生产出好的产品，物流企业可以及时将货品配送到位。如果没有这样的物理基础，就没有电商的蓬勃发展。数字化在物理条件的基础上，确实对商业流通起到了不小的促进作用，比如节约需方寻找货物的时间，缩短供方和需方之间的"距离"，激活潜在的消费能力等。在总量上，有了电商以后，销售额相比过去有一定水平的提升，这个比例差不多与 GDP 的增长率成正比。这样看来，增长其实是比较平缓的，不存在有意炒作的那种几何级数的增长。因为在电商销售额增长的背后，是数量巨大的线下企业销售额的大幅下降。总体上看，电子商务实现了商业流通方式的转型，使商业流通更加透明、更加便捷、质量更好，但总量的增长并不是"神迹"，而是可以预见和计算的。我们可以确定的是，电子商务的发展较大程度地提高了商业流通的质量，温和地扩大了商业流通的规模，进而影响了人们的生产生活，总体上是进步因素。但也应该注意到其本身有不少的负面影响，比如会削弱本地商业的发展，使实体店的生意很难维持，刺激了消费的非理性，助长了某些领域的浪费（包装方面的浪费、不必要的消费等），造成了许多家庭关系紧张等。

需要关注数字化的负面影响

对于数字化，不能仅陶醉在其无限可能之中，更要意识到其负面的影响。**要坚持有所为、有所不为，才能使数字化成为人类生产生活的正向加强力量。**如果数字化不能立善意、结善果，那数字化有什么意义呢？这也就是数字化伦理的核心，科技必须向善，也就是立善意。科技的结果也必须是善果。数字化伦理的命题看起来离我们很遥远，实则不然。因为我们每个人已经感受到了数字化负面影响的切肤之痛。当我们自己沉迷于刷新新闻界面、浏览小视频而不能自控，当我们的家人沉迷于网购、网游无法自拔，当我们身边有人因为炒虚拟货币而倾家荡产，当我们的朋友因为科技的替代而失去工作，我们就知道科技伦理，或者说数字化伦理与我们每个人都息息相关。所以我们不能麻木，必须知道自己在这个领域是有责任的。我们也许不能改变一切，但我们确实可以改变一些东西。使科技向善成为一种本能，成为一种社会风气。

有这样一则实事，在东德和西德分裂时期，有一个西德的边防军人打死了一个翻越柏林墙的人。在两德统一以后，这名军人因此被起诉接受审问。辩护律师认为他无罪，因为他是在执行命令。但主审法官西奥多・赛德尔认为，不能说一切执行命令的行为都是合法的。人和机器的不同，在于人是有良知的。在20世纪末，在代表权力机构去杀害民众时，没有人有权利忽视自己的良心。**作为数字化的从业者，我们也应该意识到，我们手中的技术有些时候是会作恶的。因此，必须保持清醒的头脑，当我们进行数字化的战略规划时，当我们推动数字化工作时，我们应该知道我们是有责任审视数字化伦理并遵守其指引的。**

在过去两三年的时间里，出现了一个词语，叫作“数字化雇员”。刚开始，我以为它是指通过数字化技术向员工赋能，使员工成为数字化员工。后来我发现，我犯了一个认知错误：数字化雇员是指采用人工智能替代员工的做法，在这种做法中，人工智能被赋予了人的属性而成为了数字化雇员。用人工智能去替代某些工作岗位是有其合理性的，因为有些工作比较繁琐、危险、对人有害，甚至是如果人去做出错机会比较多。人类一直在使用机器替代一部分工作，步伐从来没有停止过，这本来也是一个正常的事情。但给机器赋予人的属性，是人工智能时代的一个趋势。**至少在社会治理机制不完善的情况下，我不赞同使用“数字化雇员”这样的称谓，因为它会造成人的焦虑。**如果任其发展，就会剥夺人的劳动权利。从资方的角度看，如果成本足够低，他们一定很乐意广泛使用“数字化雇员”，特别是因为不需要为它们交社会保险，更无须担心它们生病、家里有事。如果没有配套的社会制度，资方就会把剥夺人的劳动权利的好处都据为己有。我不是一个社会学的专家，但我仍能看出这里面是存在问题的。劳动者被动失去了劳动权利，却没有必要的补偿机制是不合理的。所以我建议读者不要在企业中或项目中使用“数字化雇员”的称谓。这不是小题大做，因为“名”是非常重要的。孔子说：“必也正名乎！”此言不虚。

还有一个名词叫“沉浸式体验”，是把心理学与技术相结合，使人沉浸其中，获得更好、更加深刻的体验。在数字化领域，改善用户体验是一种非常正当的行为。因为，过去的 IT 应用大多体验很差，成为应用推广的重要障碍。在这样的背景下，采用全新的设计，甚至心理学的要素使应用体验变得方便、舒适和吸引人都是很好的做法。随着 AR、VR 等技术的发展，把一些体验类的应用，比如游戏、影视、旅游、艺术欣赏等开发成沉浸式的体验，也是很好的做法。这里的关键因素在于，这些类型的应用本身是体验类的。人们使用这类应用，就是为了实现体验的目的。**但是，当把一些实用类应用开发成沉浸式的体验，就出现了对这种技术的滥用。**比如购物应用、新闻类应用、社交类应用等。其实我们每个人都有过这样的体验，每天花费了太多的时间在手机的各种无甚大用的应用上。经常是几十分钟或一两个小时过去了，我们都没有意识到。我和一个朋友交流过这个问题，他说他经常会因为玩手机熬夜，弄得自己上火、牙痛。我问他，刷了那么长时间的应用，可有发现什么对自己有益的信息和知识？他告诉我说，有一点儿，但真的很少。这些收益与投入的时间相比，实在不值一提。其实他不知道，有许多应用的设计初衷并不是为了帮助用户获得有意义的信息，而是为了让用户沉迷在应用中，这样就可以获得更大的流量。通过更大的流量，实现更大的变现价值，我们曾经为这样的商业模式倾倒，甚至忽略了有些做法已经跨越了科技伦理的界限。

简化的数字化伦理原则

具体到如何把握数字化伦理问题，我觉得不需要太过理论化。对于大多数企业来讲，数字化要有比较正确的目标，这些目标包括降低成本、提高效率、改进质量、保障安全、创新产品、优化模式、改善体验等。这些目的都是合理的，也是符合伦理的。**但在立意上，需要坚持多赢、公平、公正、诚信的原则。**所谓多赢，是指客户、员工、投资方、公众都能从中受益，而不是偏于己方的利益。当前的网约车的模式，本来也具有这样多赢的特征，但是由于缺少必要的规范和约束，往往造成了多输的局面。有资方卷了平台的钱跑路的，有大数据杀熟的，也有司机过劳死的，还有顾客被侵害的。这样的乱局，必然导致好事变坏事。

公平、公正比较好理解，公平是指利益交换要均衡，公正是要符合公序良俗。就如我们上面说的，当剥夺他人权利时必须有合理的补偿。诚信当然是企业最重要的品质，可惜，由于知识梯度带来的差距，很多时候知识层次越高、信息越充分的一方，越可以很容易地欺骗其他方。更不用说，有些人有意发明各种新的名词、新的说法，让其他人搞不懂，从中获取所谓的“高维”优势。读者如果感兴趣，建议看一下印度电影《起跑线》。电影讲述的是富人通过欺骗手段与穷人争夺好学校入学名额的事。为了使自己的孩子可以获得好学校的入学资格，富人假装成穷人住进贫民窟，经过“艰苦”的努力，他们即将成功。可主人公在此时醒悟了，富人与穷人比较起来已经在“高维”了，如果仍然贪心不足，要攫取穷人手里的一点可怜的资源，这就是不对的！因此，他放弃了这个入学机会，进而为一所落后的学校投资，改善其教学条件。**不诚信、不公平、不公正当然会导致“都输”的局面。最后，影响到整个行业的发展。**数字化领域一些比较重要的人，占据着一些重要的角色，有义务也有能力为坚持数字化伦理尽一份力量。

有一些行为，虽然不能完全归于科技伦理的层面，但与数字化工作密切相关，在此也进行一些讨论。在领导层，有很多人把数字化当成一个幌子，虽然不是很理解数字化是怎么回事，但总把它挂在嘴上，而不去深入研究或参与数字化工作，也不真正支持数字化工作。在业务侧，有些人把技术当作完不成工作的借口，有了成绩就会揽在自己身上，有了问题就推给技术部门。在技术侧，有些人沉浸于高新技术本身，对技术给业务带来的价值不甚关心，抱怨业务方不懂技术。这些行为，如果是无意为之，应该属于认识层次的问题；如果是有意为之，就与职业伦理相悖。无论是有意还是无意为之，这些行为对数字化的推动都造成了巨大阻碍。

在前面的章节我们也曾提到，数字化的领导力是数字化工作的关键因素之一。虽然我们不能把所有重要的事情都笼统地归为“一把手工程”，但领导对数字化的理解和支持，对数字化工作的成败起着决定性作用。领导可以不懂技术细节，但对技术的本质以及它们的含义应该有深入的理解。即使不能全面把握新技术可能带来的变化，也应该保持对技术的某种敬畏和信仰。因为在近现代的历史中，我们可以看到科学技术是推动社会发展的主要力量之一。对数字化工作的支持不能是“假支持”，给数字化一个很高的口号，但没有真正的投入。要有相关人员的时间和精力的投入，其他人力、物力的投入，以及制度与机制的保障。

当今业务侧的人员都面临着巨大的不确定性和压力，很多种情况下，完成业务指标很不容易。所以，当业务人员不能较好地完成任务时，找一方“背锅”是一种本能行为。但这样的行为实际上极大地破坏了业务部门和 IT 部门之间的关系，造成双方互相不信任。我们知道，在数字化时代，业务人员和 IT 人员应该从协同关系上升到融合关系，真正做到你中有我、我中有你。互相指责和埋怨与这样的合作模式背道而驰。另外，业务成败的主因还是在于业务本身，不能把主因归咎于技术。最好的合作模式是双方都相信技术确实可以帮助业务解决实际的问题，共同对问题进行研究，并提出解决办法。

在 IT 部门这一端，沉迷于技术本身是不对的。因为技术如果不能带来业务价值，就没有存在的意义。企业内部的 IT 部门虽然承担了管理的责任，但主要是对需求的统筹、资源的协调和技术本身的管理，对业务侧并没有管理的权力，更多的是对业务侧的服务职责。所以 IT 部门摆正自己的位置是很重要的，一定要认识到没有独立的成功，其成功都体现在业务的成功上。所以要不断研究 IT 的业务价值，一切工作从业务价值出发。记得我在 IT 领域的工作是从运行维护工作开始的，那个时候这个工作离业务是比较远的。但我接受了 IT 的价值体现在业务价值上的观点，于是不断思考、实践运维工作如何体现业务价值。在此基础上，我提出了 IT 运维应该转变为 IT 运营的观点，也就是说要从投入产出比的角度去安排 IT 的运维工作，能够实实在在地算清 IT 运维带来的商业价值。虽然当时这个想法并不成体系，但很大程度上提升了运行维护的水平，也受到了业务部门的认可。当时运行维护工作的用户满意度达到了 90%，那是差不多 15 年前，应该说是不容易的。与业务距离较远的运维工作都能够从业务价值出发，应用的研发工作紧密围绕业务价值就更加是天经地义的了。所以，技术部门这一侧必须有一个正确的定位，关心业务价值，并把它作为工作的出发点。

数字化伦理是科技伦理的组成部分，伦理不是什么高邈的东西，也不仅仅是人为的行为规范，而是人类赖以生存和发展的规律、规则。遵循这样的规律和规则，事业就能在正确的轨道上发展，反之必然导致迷失和失败。希望读者看到此书以后也能认同这样的观点，因为从事数字化的人大部分是理工科出身，对伦理的课题一般没有进行系统化的学习，而做好数字化工作，仅有理工类的知识是远远不够的。在这个话题上稍微扩展一点，人文素养对数字化工作的影响也是不能忽视的。

我和一个朋友曾经把对 IT 系统的需求总结为三大类：功能需求、安全运营需求以及美学的需求。其中前两个需求偏科技领域，而第三个需求就偏重于人文领域。当用户选择一个对象，或者产品、朋友、爱人等时，就包含这三个需求。作为产品的提供方，美学的需求在过去往往被忽视，但重视它的企业和个人往往能够取得成功。当然，现在这种现象似乎出现了某种翻转，也就是美学似乎成了最主要的需求。这带来的负面影响同样也是巨大的，我们在此不展开讨论。美学需求不仅仅是“看上去很美”（美工），而是包含了便利、简洁、易用等因素。我们甚至可以把功能需求、安全运营需求均归属于美学需求。功能不好、产品不安全则无法说它是美的。另外，**违背伦理的的产品，更不能说它是美的。可见，真、善、美在很大程度上是一回事。**

数字化故事十一点评

数字化科技人员所掌握的技术具有巨大的潜能，既可以用于好的方面，也可以用于不好的方面。作为一名有理性、有良心的程序员，仲良和公司的价值观之间产生了冲突。这是一种不幸，因为他不得不离开他喜欢的工作。但对仲良来说也是幸运的，因为他没有放弃自己的价值观和追求。仲良遇到的困境对许多职场人员来说都是可能发生的，但解决这种困境不能依靠个人力量。有一个朋友建议，未来企业应该设立首席技术伦理官的角色。我觉得她的建议很好，也希望社会有更多这样的呼声，能够把这个建议变为现实。

第十二章
资本与科技：穿透数字化迷雾

数字化故事十二

××网络是一家由传统企业创办的高科技企业，该公司在经过数年经营之后，因为长期亏损，不得不宣布解散。

在互联网浪潮的激发下，××网络的母公司决定进入互联网市场。他们组建了××网络公司，从海内外招聘了大量优秀人才，投入巨资，准备打造一家平台型企业。××网络对所有的新型数字化技术都采取了非常积极的态度，他们在人工智能、区块链、虚拟现实/增强现实、物联网等领域都有较大的投入，也打造了一批不错的产品。公司虽然从母公司中脱胎而出，但市场战略主要是拓展外部市场。由于对母公司的业务支持不够，引起了母公司众多业务板块的不满，无法获得其他业务板块的有效支持。因为外部市场对新技术的接受需要一个过程，公司的收入一直无法抵消运营的成本。在公司末期，恰好赶上母公司遇到了资金困难，无法继续对其进行持续的“输血”，导致公司无法正常经营。公司只好采用大规模裁员、削减产品线的方式减少支出。然而公司最终没有坚持下来，于2020年宣布解散，数亿元投资付之东流。

在本书的开始，我曾经用“迷雾”描述数字化给我们带来的困扰和错觉。经过十多章的解析，我们眼前的数字化已经越来越清晰，既不会漠视和忽略数字化带来的影响和变化，也不会被虚假的、炒作的、甚至别有用心的预测和想象误导。人类进入工业社会以来，资本和科技一直是推动社会发展、生活变化和商业变革的主要推动力。除此之外当然还有其他如政治、天灾等推动力，但不是本书的主题，本书不会去对它们进行展开。使用发展、变化和变革这些中性词语形容资本和科技的推动作用，表明了对于资本和科技的中立态度。也就是说资本与科技无所谓善恶，关键在于把握这些要素的人用它们来做什么，要实现什么样的目的。当它们为人类的根本利益服务时，为由最广泛的人群构成的社会的福祉服务时，它们就是善的；当它们为少数人的利益服务，损害广泛的群体的根本利益时，它们就是恶的。

资本是中性的，资本主义是不好的

马克思反对资本主义，我们也反对资本主义，因为“它的每一个毛孔都沾着血和肮脏的东西”。资本主义就是为资本服务，为资本的增值服务，而不关心人的利益和感受。资本积累得再多，财富发展得再多，如果连最基本的贫困、饥饿、卫生问题、环境问题、疾病、瘟疫都无法解决，而只能让人变得更加愚昧、焦虑、痛苦，那么这样的资本和财富又有什么意义呢？但是反过来，如果资本的积累和财富的增加有利于解决上述问题，那么资本又有什么不好呢？资本主义是不好的，但资本可以是好的，也可以是坏的。资本表现为资金时，它是社会的血液，社会如果没有血液，将无法运行。自工业革命以来，我们看到的经济发展、科技进步、人们生活水平的提升，无不得益于资本的流动。**所以，不应该对资本抱有偏见，不应该一提到资本就反对。应该明确的是，需要反对的是资本主义，而不是资本本身。**

在数字化过程中，出现了很多趋势、新的名词和概念，背后都有资本推动的迹象。在资本的背后，也不乏资本主义的身影。这种情况下，数字化必然会陷入“迷雾”之中，这是我们必须要小心辨别、理性判定的。由资本推动的几种现象，是值得我们注意的，包括把企业领导人包装成公众人物、专家、道德楷模和偶像，高调宣扬几十倍甚至是几百倍的资本收益的正当性，对新概念进行反复包装和炒作等。

不要盲目崇拜“企业家”

在历史上，我们曾经崇拜英雄人物、革命烈士和国家领袖。后来也崇拜过科学家、劳动模范、明星。但曾几何时，“企业家”逐渐成为了公众人物，也成为了人们崇拜的偶像。一开始，他们的创业精神和创业故事感动了我们，后来他们以自己对未来的看法和价值观影响我们。我不否认，确实有一些企业家是值得敬佩和崇敬的，他们的创业精神、顽强的意志确实值得我们学习。但我们必须认识到，企业家虽然普遍具备这样的精神和意志，但并不意味着他们可以在其他领域有先知先觉的能力，也不意味着他们所说的都是真理，更不意味着他们所说的是出于客观的立场或公心。这样讲，并不是要贬低企业家，恰恰相反，是要给他们以公正的地位。人们常说“人无完人”和“术业有专攻”。对于一个人的评价，更多的是要看他的社会角色，如果这个角色他做的很好，我们就应该对他的主要方面给予肯定。而不是去看那些与他的社会角色关系不大的东西，比如生活习惯、兴趣爱好等。几乎没有人可以做到全才、全能、全善，如果有也是极少数，在历史的长河中也只有凤毛麟角的几个人而已。所以，除了违背公序良俗的东西，不应该对企业家求全责备。那么企业家也应该有自知之明，不要过多超越自身的领域，偏离自己的本分，发表过多影响公众的言论。问题在于，许多人并不是没有自知之明，而是出于自身企业和个人利益，故意编造一些东西让大家相信。而公众也被“偶像”效应蒙蔽了双眼，成了他们利益的牺牲品。所以，对于企业家的宣传，包括公开演讲、著作和采访，应该有一种批评精神。应该知道，他们所说的既不全是真的，也并不完整，更不都是对的，要善于吸收有益的东西，剔除虚假的东西，发掘背后的东西。当然，我们不要责备企业家不实的宣传，因为在资本的绑架下，很多时候他们也是身不由己的。

理性对待炒作

关于资本的另一个做法，就是高调宣传几十倍甚至几百倍的回报的正当性，我们应该更加鲜明地反对。在过去，可能没有人敢于做这样的宣传，因为这样的回报率远远高于传销和贩卖毒品。我们都知道，过高的回报率是不道德的。但坦率地说，在资本的炒作下，我曾经也认为几十倍回报是正当的。而这样的宣传，激起了人们的贪欲，当大批精英都相信了资本造富神话，忘我地投入造富的运动中，那么人们面临的各种各样的具体问题和困境，就越来越没有人去关心了。在资本扩张的过程中，几十倍和几百倍的收益并不是没有，而是不常有。大部分回报率也就是几倍、十几倍，而且要经过许多年才能实现。数字化对于企业的作用也是同样的，不可能轻易产生几十倍的收益，除非开创了一个全新的“蓝海”，否则在绝大多数情况下都是不可能的。我想，**资本的回报不会超出社会的消费能力。**动辄几千亿元、甚至是上万亿元的市场预测，真的不知道是如何计算出来的。打破资本的造富神话，让我们静下心来回到业务本身，发挥数字化的乘数效应，才有可能做好数字化工作。

关于资本炒作的新名词，我想所有读者都感同身受。从各种智慧、智能到元宇宙和 NFT，都曾经引起我们的疑惑。我想强调的是，大部分新名词不是不好的东西，它往往代表着某类新技术和应用，能够提出这些名词的人往往都是高人。我们过去熟知的 ERP（企业资源规划）、CRM（客户资源管理）、物联网、云计算等，都代表了新的趋势。但也有名词听起来就很唬人，有某种玄学的意味。这一方面表明人们熟悉的词汇已经快被用尽了，另一方面也说明有些新东西确实需要新的表达方法与之匹配。**新名词是一种符号，其本身的意义在很多情况下是说不清楚的，但是正是这种模糊性为其带来了不少的可能性，人们可以从不同的角度去诠释和想象。**还是那句话，只要是有利于人的根本利益，就没有什么不合适。我们能够观察到，即使对于同一个名词，不同的代表企业也有不同的解释和规划，比如关于元宇宙，阿里巴巴、腾讯、脸书、微软的描绘都不同。所以我的建议是，如果不想迷失在这些新的名词里，一是要多听、多看、多观察，对不同人、不同企业的观点和描述进行综合判断，正反两方面的话都要多听；二是要形成自己的话语体系，特别是基于自身行业、企业的要求和特点建立自己的术语；三是要深刻理解这些新名词都是不断发展变化的，不要僵化理解和描述。重点在于像现象学提倡的那样，透过现象看本质：现象不是真理，本质的获取也是一个不断发展的过程，我们可以不断接近本质，很可能永远也无法达到本质。还需要注意，也确实存在一些新名词属于胡说的类型，也许过不了几年，这些名词就会销声匿迹，被历史遗忘。

科技发展中人的自由意志作用

作为一种主要的社会推动力，科学技术也有其自身的特点。凯文·凯勒在他的《科学想要什么》中认为，科学技术是有“生命的”，有其自身的发展路径和目的，不以人的意志为转移。如果依据这样的观点，科学技术就会“自行”发展，不管人们愿不愿意，都会按照自己的路径发展起来。这样的说法似乎有种宿命论，我并不完全认同这样的观点。虽然凯文关于结果的表述也许是对的，但他没有分析科学技术背后的推动力是什么，以及是什么力量导致了这种宿命。**我不认为科学是一种“生命体”，但我同意科学有某些生命体的特征，即表现出生存、发展、繁衍的特点。我认为科学技术之所以有这些特征，是因为它们的推动力恰好是一种生命体，也就是人类。**一般可以认为，**人类既有宿命，也有自由选择的可能性。而自由选择在某种程度上可以改变宿命。**映射到科学技术上，科学技术既可以与人类的宿命保持同步，也可以因为人的自由选择而发生改变。而后者也许是人的希望所在，我们希望对科学技术的发展有某些自由的选择。我们可以主动选择重点发展那些对人类根本利益有益的科学技术，也可以主动安排这些科学技术发展的节奏，更可以主动设定科学技术的应用范围。这些都是很好的希望，我相信这些希望可以成为现实。因为我相信人类的消亡不会是自己造成的，应该是自然的结果。道家说“天生天杀”就是这个意思。历史告诉我们，虽然人类经历过历史上许多黑暗、邪恶的时代，但人类还是战胜了自身的缺陷，通过自由意志的选择而一步一步发展起来。

我想表达的观点是，作为科学技术的应用者，数字化的从业者拥有自由选择的意志，如上一章所说，在数字化过程中做到有所为，有所不为。但仅仅做到这一点是不够的，因为推动科学技术发展的力量是不均衡的。所谓道高一尺，魔高一丈，有人把技术用在保证安全上，就会有人把技术用在破坏安全上；有人把人工智能用于和平的目的，就会有人把它用于称霸的目的。所以，**科技治理不应该仅仅寄希望于人的自觉，而应该是一种超前规划、不断改进的机制上的设计和实施。**前几年，互联网巨头蓬勃兴起，数字化创新企业也蔚然成风。因为科技治理的滞后性，我们看到了互联网金融的暴雷、个人信息的盗用和滥用、垄断的形成、虚假信息和错误信息的泛滥、低俗的文化和价值观的侵害等种种问题。在与朋友们交流的过程中，我们曾经预言，必须对科技公司特别是互联网巨头加强监管，否则后果将不堪设想。最近两年，国家对科技公司的治理确实在加强，但还应该更加具有前瞻性，更加系统化。未来，随着人工智能、区块链、元宇宙等技术的发展，如果没有完善的治理，科技公司有可能完成对整个社会的控制。在《生命 3.0》中就描绘了这样的情景。

国家层面的科技治理，甚至是全球层面的科技治理确实是防止科技失控的必要措施。我们作为数字化的一般从业者，虽然不能够决定治理的最终格局，但我们有义务提出我们的建议，提供我们的帮助，使科技治理更加完善。

资本与科技两大推动力量之间也有密切的联系。资本会推动科技向着有利资本的方向发展，科技既可以为资本服务，也可以创造更公平、更人性化的环境。对于资本出于自身目的对科技的推动行为，我们应该保持警觉。**如果我们不能阻止这样的行为（大多数情况下正是如此），我们也应该把资本炒作的面纱撕破，找到其中那些真实和有益的东西。**比如关于 NFT，虽然数字收藏品未必成为一种真的收藏，但 NFT 用于真品证明标记一定会大有可为。对企业来讲，也许后者是重点应用方向，而对于大肆炒作的数字收藏品，应该谨慎行事。

我们已经谈过了科技向善的问题，科技确实可以创造更公平、更人性化的环境。比如，大部分工作岗位对残疾人都是不公平的，但科技可以帮助他们获得同等的工作。远程办公和虚拟呼叫中心的技术可以让行动不便的残疾人在家里工作，从而弥补其身体上的不足。数字化的清洁车辆可以使清洁工摆脱手工劳作的辛苦，只需要开着车走一圈就可以完成工作。注意，这里的车辆并不是无人驾驶，如果是无人驾驶将剥夺清洁工的劳动权利。在线教育可以让最偏远的地区的孩子和国内外顶级的老师直接连线，接触到最好的教育资源。服务于农村居民的平台可以为他们经营自有资源提供便利，他们的果园、客房、院子、门口的停车位都能成为可变现的资源，从而摆脱贫困甚至走向富裕。对于资本来讲，这些应用不但有利可图，而且是可以长期经营和发展的业务。在这个方面，资本和科技形成了统一体，实现了多赢的局面。我建议资本的拥有者和经营者，要多在这些方面谋发展。少做一些炒作，与其把眼光放在虚无缥缈的东西上，不如切实解决眼前的问题。需要科技解决的问题太多了，我们走出家门随处可见，比如不甚干净整齐的街道、不太美观的建筑、大大小小的垃圾、拥堵的车流，等等。如果我们连这些身边的问题都无法解决，玩那么多虚的东西有什么意义呢！

识别虚假信息和误导信息

我们生活在一个信息爆炸的时代，好处是不缺少信息，但缺点是很难找到有价值的信息。找到有价值的信息就如同大海捞针一样，这当然符合最有价值的东西往往埋藏得很深的客观规律。但有价值的信息之所以难以获得，还有另外一个非常重要的原因：有意为之的虚假信息和误导性信息干扰了人。平台经济和商业模式弱化了“看门人”的作用，发布信息的门槛下降，影响范围扩大。过去，如果一个人想发一条信息或者文章，必须经过编辑的层层审核。但今天，在自媒体上，这种审核已经很弱化了。每个人都可以发一条消息，甚至一篇文章、一条视频。每个人都可以对已有的消息进行拼接和加工，结果是真实的、有价值的信息越来越少。**有的时候我觉得找有用的信息就像在垃圾中寻找有用的东西一样，虽然能够找到，但要经过极大的努力。**这种情况下找到有用的东西时，人反而会特别兴奋，我猜这是激发了人类狩猎或采集的本性，而许多平台的成功也利用了这一点。平台上有无法计数的信息，有价值的信息藏在其中，让人去找，人找到以后感觉到兴奋，然后就还想去找。

在这样充斥虚假信息和误导信息的环境中，我们应该对信息来源进行必要的分类，就像我们要对企业的大数据进行划分一样。**一般来说没有100%可信的信息，信息的可信度只是一种置信区间。**经典著作的可信度比较高，一般学术著作的可信度次之，普通书籍和著作的可信度再次之，资本刻意打造的著作或消息可信度不高，大部分自媒体的信息可信度都较低。我这样的分类是一种比较主观的做法，与实际情况不完全相符。读者应该根据自己的经验进行划分，并且要不断进行调整，因为新消息的可信度是不断变化的。但其中有些不变的原则，即不要不加怀疑地接受任何信息，必须使用逻辑分析和判断。这就要求我们自己不断加强学习，扩展各方面的知识。比如，**当我们听到有人说对某些行业的数字化可以带来多少收益的时候，我们应该先算一下当前这个行业的总产值是多少，数字化之后的产值是多少，增加的产值是从哪里来的，是对现有行业进行扩张了，还是从其他行业拿到了新的产值。这样一算，心中就有数了。**

穿透数字化的迷雾需要我们有一双慧眼，有一颗静心，要应用我们的“心见”。做好数字化工作，与做好其他事情一样，说到底是人的修炼。鉴于本书的读者群大部分是从事数字化工作的领导、从业者，真心希望每个人都拥有自己的数字化智慧。因为数字化对于国家、社会和每个人都太重要了。做数字化工作之初，要立好意，坚持科技向善。在认识各种数字化现象时要破除一切迷信，加强判断力。在应用数字化技术时要将脚踏实地与大胆创新相结合。如果把握了这些原则，通读此书，反复体会，不断批判，就一定可以不负使命，为数字中国的建设做出贡献。

数字化故事十二点评

××网络的故事是一个资本失败的故事，可见资本并不是总能取得成功。公司失败的原因可能是多方面的，但有一点是可以肯定的，那就是它也是资本炒作的牺牲品。企业创立之时，也正是资本对新兴数字化技术进行大肆炒作之时。许多企业受到这些炒作的影响，花了不少冤枉钱。××网络的母公司本是一家传统的企业，因为受到资本对新科技炒作的影响，选择对一个自己不熟悉的行业进行投资，即使不考虑其他因素，投资本身的风险也是巨大的。一个高科技公司很难拔地而起，需要从小到大、步步为营地发展。

加篇

农业银行数字金融的思考与实践

蔡钊

商业银行作为金融中介，在优化社会经济供需两端平稳运行方面发挥着重要的作用。随着数字时代的到来，数据成为重要的生产要素，导致金融业务服务的维度与细粒度进一步提升，数字金融的发展成为必然。商业银行要在数字金融中继续做好供给端与需求端的平衡，首先须对自身进行数字化转型。过去，商业银行通过传统的金融服务优化供需匹配，实现金融服务质量、运营成本、工作效率的动态平衡。然而，现阶段推进数字化转型并不是针对平衡内部的简单调节，而是通过引入数字化工具推动生产力变革，以达到平衡的整体提升，同时实现提质、降本、增效的协同发展。因此，系统性地分析与反思商业银行数字化转型的方法论与实践情况，有助于推动数字金融生态健康发展。

转型时代：数字力量构筑金融新发展格局

数字世界与物理世界融合下的新趋势

1. 数字经济变革，成为引领高质量发展的引擎

党的十八大以来，党中央高度重视数字经济发展，将其上升为国家战略。“十四五”规划中明确要求推动数字经济和实体经济深度融合，以数字经济赋能

传统产业转型升级。2022年伊始，国务院印发了《“十四五”数字经济发展规划》（以下简称《规划》），这是我国数字经济领域首部国家级专项规划，数字经济已成为引领高质量发展的新引擎和新动能。《规划》指出，数字经济是以数据资源为关键要素，以现代信息网络为主要载体，以信息通信技术融合应用、全要素数字化转型为重要推动力，促进公平与效率更加统一的新经济形态。作为继农业经济、工业经济之后的主要经济形态，近年来，我国数字经济得到了蓬勃发展，数字经济占GDP比重逐年提升，在国民经济中的地位进一步凸显。特别是新冠肺炎疫情爆发以来，数字经济持续保持高速增长。2020年，我国数字经济依然保持9.7%的高位增长，远高于同期GDP名义增速约6.7个百分点。

2. 数据驱动创新，成为提升生产力的关键要素

数字经济区别于农业经济和工业经济的重要特征就是“万物互联、数据驱动”，数据作为数字经济中的基础性战略资源和生产要素，成为新时代解放和提升生产力的关键。一方面，数据要素可通过数字技术加快技术迭代，更好地实现知识的快速创新与赋能，甚至形成新的知识、理论和技术，提高全社会的技术水平；另一方面，创新的供需对接将更加便利，有利于形成需求牵引创新的新模式，也会进一步提高创新的专业化程度，提高创新的效率和可持续投入的能力。数据是数字技术升级的加速器，如云计算、人工智能等技术的发展大大提升了数据挖掘能力，而数据的汇聚和分析应用也进一步助力数字技术的提升，以数据为基础的技术迭代促进了数字化的持续创新与繁荣。

3. 虚实深化融合成为新发展模式下的核心竞争力

“十四五”规划要求推进数字产业化和产业数字化，推动数字经济和实体经济深度融合，打造具有国际竞争力的数字产业集群。在信息科技领域，利用数字孪生的思想，连接物理世界与数字世界，其本质也是深化数实融合的重要应用。2021年，“元宇宙”概念的大火加深了社会各界对数实融合深度发展的期待。但是，元宇宙并不是数实融合的终点，片面强调数字化和数字世界的建设，

会忽视物理世界对数字世界的支撑作用，如同空中楼阁，摇摇欲坠。因此，深化数实融合是新发展模式下的核心竞争力。一方面，利用数字技术对数字世界的生产关系进行变革，结合数据这一生产要素优化数字世界的流程，提高效率；另一方面，将数字世界中的重要成果赋能物理世界，实现新技术对传统生产力的替代，形成物理世界支撑数字世界发展，**数字世界进一步反哺物理世界突破的新发展模式。**

从银行信息化走向数字化银行

回顾农业银行的信息化建设之路，20 世纪 80 年代，账本和算盘仍是国内银行主要业务的处理工具。随着党中央大力推进计算机技术在银行业的应用，农行信息化建设就此扬帆起航。彼时，农行成立了科教部，组建了第一支科技队伍。随后，农行通过县域联网、城市联网、省域集中、业务线上化、数据大集中，以及新一代核心系统（BoEing）的建设等，逐步完成农行各领域的信息化建设。由此来看，信息化建设对于银行业而言是新旧生产力的变革，它重点提升了银行金融服务的效率。随着银行信息化建设的深入，数据成为衔接银行与客户的关键，客户不再被动地接受银行已有的服务，而是越来越多地参与金融服务的各个环节，对服务的质量提出了新要求。此时，农行认识到了金融服务正在从银行单一方向的服务供给向银行与客户双向的数据交互转变，适时提出了建设**“薄前台、厚中台、强后台”的数字化云平台 iABC 战略，全面推动农行数字化转型进程。**由此来看，数字化转型的本质是银行通过科技驱动以适应生产方式的变化。

从近几年银行业的数字化发展来看，金融供需两侧的数字化变革加速推动了银行业数字化转型。在需求侧，互联网金融的快速发展，改变了用户获得金融服务的习惯，用户更愿意参与到金融服务中，获取更为灵活、个性化的金融产品。而银行在面对互联网和同业数字化转型的双重压力下，纷纷推动业务线上化与服务智能化，不断加速业务与场景融合，以科技赋能业务发展、驱动金融创新、提升用户体验。在供给侧，随着金融科技的不断应用与深化，过去传统、固定的金融服务模式通过数字化转型以更符合用户个性化需求的方式推送到用户的手中，提升了金融服务的精准性。在大力推动金融产品创新的同时，基于大数据与人工智能等技术，金融风险管控更为智能化，进一步降低了银行金融服务的成本。此外，在国家数字化转型战略的引导下，产业间的协同能力逐步提升，金融生态建设逐步多样化，银行在整个金融产业链中发挥了巨大的作用，为我国经济建设的高质量发展提供了重要的支撑。

直面挑战，规避数字化转型的“陷阱”

数字化转型是一个系统性工程，它是国家、企业，乃至社会方方面面追求高质量发展的必然路径。但是，过度拔高或矮化数字化转型的能力，往往会带来适得其反的效果。**社会上对数字化转型有三种常见的错误认识，即神话论、矮化论和无关论**，这些错误的论调基本都是在数字化转型初期，因对自身基础认识的不足与对未来发展的盲目所产生的。

神话论：数字化转型是“银弹”

随着信息化的发展逐渐达到瓶颈，很多管理者试图从人类科技发展历程方面获得灵感，找到下一个生产力变革的突破点。这时，数字化转型似乎成为了解决一切问题的“银弹”。这些人虽然高举数字化转型的大旗，但是忽视了事物发展的客观规律，主要体现在以下三个方面。一是认识到数字化转型的作用，但忽视了发展道路的曲折。一些人认为数字化转型可以一蹴而就，根本不重视量变到质变的过程，一旦遇到困难，就会质疑最初数字化转型的决策。二是为了转型而转型，不重视配套体制机制的建设。一些人为了紧跟发展潮流热点，模仿其他企业在有效果的领域进行数字化转型，而在配套的经营理念与管理体制方面仍沿用过去的方法，导致企业内部管理混乱，人为制造出很多流程断点与堵点。三是只把数字化转型作为口号，没有实际的投入。一些人在数字化转型的过程中，畏惧实际转型中的难点，比如无法投入大量精力夯实数据基础，推进数据治理，海量信息难以有效转化为数据要素，而只希望通过喊喊口号解决问题，必然导致转型失败。

矮化论：数字化转型就是做 IT 项目

有人把数字化转型当作万能的灵药，自然也有人把数字化转型仅看作 IT 项目的延伸。一方面，随着科技的发展，新技术层出不穷，而业务的变化却不甚明显，这使得一些人认为数字化转型仅需要对技术进行合理的应用，通过一些“小发明”给客户带来惊喜即可。但是，**如果新技术的应用不能解决业务的痛点，新技术所创造的价值就会大打折扣，转而变成科技人员内部的“狂欢”**。另一方面，业务架构、数据架构等不能跟随新技术的引入进行调整，也会使得数字化转型“事倍功半”。在 IT 项目中引入新技术往往只会给业务带来局部的优化，而通过业务方面的架构调整有助于理顺业务的堵点，最大限度地发挥新技术的优势。

无关论：数字化转型与我无关

无论是神话论还是矮化论，其本质都是在积极地寻找解决复杂问题的路径，而无关论则是一种逃避问题的思想。面对企业内部发展的困境与外部同业或跨行业的冲击，**一些人虽然赞同通过数字化转型解决当前的问题，但认为推进转型的人不应该是自己**，他们认为数字化转型应由以下三类人承担。一是数字化转型是科技人员的事情，只有科技人员才会数字化技术，业务人员只须应用相关结果即可。二是数字化转型是高层的事情，这是在贯彻国家的战略，而在实施阶段并不会有很大的调整。三是数字化转型是专业人员的事情，他们掌握数字化转型专有的工具，了解其发展方向，普通人践行数字化转型只是在试错。以上这三种思想直接导致数字化转型出现了上热、中温、下冷的局面。因此，从思想和认识上贯彻全民推动数字化转型的理念是十分必要的。

回归本源，数字化转型的核心内涵

站在“两个一百年”奋斗目标的历史交汇点上，银行业推动数字化转型的工作仍任重道远。习近平总书记在二十国集团领导人汉堡峰会上指出：“研究表明，全球95%的工商业同互联网密切相关，世界经济正在向数字化转型。”要想理解数字化转型的核心内涵，就需要在实践中不断梳理、总结数字化转型的本质、关键与措施。

银行数字化转型的本质

数字化转型的本质是通过对银行业的传统业务、流程等进行解构，再采用数据＋算法的模式进行重构的过程。在这个过程中，传统业务、流程等要素没有减少，只是通过数据在算法的推动下化解复杂系统的不确定性，优化资源配置。例如，传统信贷中往往依靠各类报表、关系维护、押品管理等发放贷款，而在数字化时代，不仅可以依靠各类报表，还可以利用税务数据、进出口单据、水电煤数据等，通过算法规则进行授信测算和风险管控。因此，认识数字化转型的本质需要正确地理解业务数据化、数据业务化，以及数字化思维。

一是正确认识业务数据化。将全渠道、全场景、全链路下银行与客户的每一次交互抽象为一个触点，客户或员工在每个触点交互下沉淀形成数据资产。**在形成银行重要的数据资产的过程中，重点突出了三个特点：**第一，积累，数据存在于每个触点之中，它既包含了每个数据实体存储的信息，也包含了实体与实体间的关系；第二，在线，相较于手工记录数据的单一性，数字化时代业务数据实时在线接入，数据的维度变得更加丰富，包含的信息量也增长明显；第三，集成，全渠道、全场景、全链路下的数据是全流程贯通的，它所包含的信息可以重构出相应的业务场景，而不是仅仅记录了业务场景服务后的结果。因此，数字化转型为银行的业务带来了一场工具革命，银行在服务客户的过程中，逐步从积累经验向积累数据资产转型，服务的精细化程度稳步提升。

二是正确认识数据业务化。银行在已有数据资产的基础上，通过决策算法生成日常经营中的作业或任务，再将作业或任务进行部署、执行或监控，最后回收。从业务数据化到数据业务化的整个阶段，还会再产生相应的数据以支撑业务的发展，最终形成循环往复的闭环。在分析运用数据创造价值的过程中，主要突出了以下三个特点：第一，协同，算法的设计需要配合现有的数据资产，同时还须考虑新产生的数据与其他算法的协同，以此来实现数据与算法的协调一致；第二，加工，增强数据的建模能力是提升算法有效性的关键，在实践中算法模型需要不断迭代和调整，以适应复杂的业务场景；第三，驱动，算法是驱动全流程、全场景、全链路数据赋能业务的关键，**没有算法支撑的数据就如同没有钢筋支撑的沙石，最终还是一盘散沙**。因此，数字化转型给银行带来了一场决策革命，不断迭代的算法赋予数据以“灵魂”，助力银行业金融服务行稳致远。

三是努力形成数字化思维。数字化转型归根结底是所有参与者思想观念上的转型，它并不是应对外部市场变化的被动转型，而是在数据引领、科技驱动下的主动转型。从被动到主动，虽然只有一字之变，但是掌握了支撑金融服务高质量发展的先机。一方面，推动数字化转型是一场思想革命，通过全渠道、全场景、全链路的全流程数字化，推动流程银行向敏捷银行快速转变。另一方面，推动数字化转型也是一场创新实践，不仅增强了上下互动，实现了组织的扁平化管理，也促进了银行内外部的协同，构建了良好的金融服务生态。

银行数字化转型的关键

农业银行从2019年启动数字化转型工作至今，一直围绕着打造客户体验一流的智慧银行、“三农”普惠领域最佳数字生态银行的目标，通过实践积极推动全行数字化转型的应用。农行数字化转型目标的前半句话是指我们要把握时机，跟上潮流，甚至引领潮流；而后半句话则是指我们要坚守本源，在“三农”和普惠领域要做最佳的数字生态银行。完成这一目标关键是要落脚在“提质、降本、增效”三个方面。

一是提质，就是要全方位地提升客户体验，推动商业模式实现数字化转型。一方面，通过金融科技的合理应用，可进一步拓宽金融服务的宽度。过去，由于信息不对称、风控难度大等因素，小微客户“贷款难”和商业银行“难贷款”的问题一直比较突出，金融科技的出现在很大程度上缓解了这个难题。农业银行基于大数据技术，创新推出了一系列微捷贷、链捷贷、首户e贷、抵押e贷等数字普惠金融产品，构建了完整的小微产品矩阵。另一方面，通过夯实金融科技基础，可大幅提升金融服务的精度。农行在掌银方面，运用大数据、云计算等技术，为客户提供千人千面的定制化精准服务；在智慧农业方面，运用物联网等技术，帮助农户实时掌握农业生产的信息数据，为农户提供更为精准的贷款服务。

二是降本，就是要尽可能降低客户各种金融服务的成本，助力业务运营实现数字化转型。农业银行利用线上化带来的优势，积极推广线上预约预填服务、预约取款服务、特殊群体预约上门服务，让客户更轻松地办理业务。同时，为一线业务人员进行赋能，打造功能齐备的营销PAD，使客户经理变成移动网点，把服务送到客户身边。

三是增效，就是要为客户提供快捷高效的服务，创新产品与服务，实现数字化转型。这几年数字化转型的发展，显著提高了金融服务的效率。农行推出的“农银 e 贷”系列网络融资产品，很大程度上实现了贷款申请、审批、发放、还款的线上化运作，部分产品实现了秒批秒贷，完成申请后可以实现实时放款进账。同时，随着产品的快速创新，农行高度重视客户的反馈，掌银基本做到了根据客户需求的“一周一小改，两周一大改”的变更频率。

银行数字化转型的措施

为推进数字化转型建设，农业银行聚焦“业务数据化、数据业务化”，夯实数据基础，分享可信数据，激活数据价值，积极践行十大工程建设。农行始终将服务“三农”作为发展的根本，在“三农”领域积极推进数字化转型，围绕“新数据、新技术、新产品、新渠道、新生态”的“五新”建设，积累了丰富的数字化转型经验。同时，农行积极构建以贷为主，存贷汇一体化的全金融聚合、全业态包容、全地域直达和全风险管控的数字金融体系，取得了一系列实质性的成果。

在新数据方面，针对农村地区缺乏有效数据收集渠道、数据质量不高、共享开放不足等问题，一方面，解决“数据在哪里”问题，聚焦涉农数据生成与积累。**应用数字孪生理念，创新推出业界首个“三农”信息建档模式**。通过线上线下多维度采集，现场远程外部智能化收录，源头、过程、结果全路径管控，构建同业规模最大、覆盖 2 亿农户的“三农”可信大数据服务体系。另一方面，“让数据发声、让数据说话”，聚焦涉农数据分析与运用。通过“数据驱动服务＋服务衍生数据”双向闭环，**对农时、地域、产业链上下游和所在社会关系网进行全面刻画，深刻洞察“三农”业态需求和风险变化，形成超过 2000 个“三农”标签及 1000 多个业务模型**，为产品创新、风险防控提供强大的技术支撑。

在新技术方面，农行主动布局并深入应用金融科技手段，持续增强营销、风控和产品创新能力，重点结合“三农”业态风险形势变化，强化风控体系，为三农金融服务持续注入发展新动能。例如，农行构建了流批一体的计算引擎，实现了海量数据的实时计算、实时分析和实时预测，破除“三农”抗风险能力差、服务风险高的难题。同时，农行还研发了遥感影像综合服务处理引擎，支持卫星遥感图像、实景图片和无人机影像的统一识别和处理，推出畜牧活体和农村两权等特色抵押品，解决“三农”可担保物品及担保方式匮乏和单一的问题。

在新产品方面，农行基于“Serverless 架构＋ NoOps 理念”，量身打造了轻量化、全托管、全流程的应用研发云平台，支撑“通用模式参数配置＋特色模式轻量开发”双模创新。一方面，我们可以通过“填空式”配置要素发布新产品，一天时间即可上线一款新产品；另一方面，将通用业务组件函数化，通过流程拼接和函数调用方式，实现资源一次性装配、应用一键发布，最快一周时间即可完成从创意到上线的全过程。截至目前，农行已孵化出世界品牌“惠农 e 贷”旗下 4000 余款产品，覆盖“三农”全业态，真正实现轻量化开发，快速响应农户需求。

在新渠道方面，农行在传统线上线下渠道的基础上，拓展了“三农”专属渠道，建立了“人工网点＋自助网点＋惠农通服务点＋互联网线上渠道＋流动服务”的五位一体全渠道服务体系，通过多渠道协同服务，推动金融服务向乡村下沉，更快触达不同“三农”客群，提升农村金融服务的可得性和便捷性。截至 2021 年上半年，农行在县域农村设立服务点 26.7 万个，覆盖 2400 个县的 36 万个行政村，行政村覆盖率 70%。

在新生态方面，农行采用“活点—通链—织网”的场景皆服务的泛化模式，聚合提供金融与非金融一体化、产供销一站式综合服务。通过主动将金融服务输出到专业市场、政企平台等市场核心节点，融入 B 端和 G 端，通过活点、通链和织网带动 C 端客户，实现低成本大批量获客。同时穿透上下游多层级活客，建立健全客户增信和风险缓释手段，提升“三农”服务的广度和深度，大幅增强客户黏性。截至2020年底，累计拓展各类场景超过5400个，其中在G端与444个县达成合作，覆盖6.39万个行政村，带动C端客户155万。

进一步深化数字金融发展的设想

从农行金融科技赋能乡村振兴实践可以看出，为客户提供多元化、有温度、高效率的数字化金融服务，要以客户为中心，在金融服务创新中，重点打造好业务智能、快速响应、开放生态和全方位服务等四项关键能力。

提升数据资产转化为生产力的能力

2020年4月发布的《中共中央、国务院关于构建更加完善的要素市场化配置体制机制的意见》中，已将数据作为新型生产要素。银行业数字化转型经过开局破题阶段后，银行业已经掌握了各领域越来越多的数据，但是如何实现数据资产的管理和应用，并将其转化为生产力仍是银行业当前面临的一个重要问题。未来，可从以下四个方面入手：一是夯实数据基础，加强大数据平台、数据集市、数据中台的基础设施建设；二是明确数据所有者的职责，建立健全数据从采集到管理再到应用的制度和流程，尤其要加强数据归户管理与外部数据引入等工作；三是提升数据便捷服务能力，提供产品化、工具化、平台化的数据服务，实现数据应用的“拖拉拽”，简化业务人员使用的复杂程度；四是建立企业级数据标准体系，破解数据孤岛难题，将数据汇总到数据中台，对外提供统一的服务。

强化快速响应、快速产品创新的能力

早在十几年前，银行业就开始试图通过建设流程银行，尽量简化并标准化每一个流程环节，加快响应与产品创新的能力。但是，从管理的角度提升业务

流程的敏捷化的效果并不明显。在推进业务流程的快速响应与产品创新方面，我们应加大数字化转型的力度。一方面，将更多的数字化工具和数据要素应用到业务流程中，研究构建高效能的 DevOps 工具链和 CI/CD 流水线，建立模块化、组件化、参数化的研发架构，以及全行标准化、协同统一的技术管理体系，实现业务流程的自动化与智能化，可极大地提升业务响应的速度。另一方面，通过加速金融科技创新应用，以大数据、人工智能、物联网、区块链等技术为驱动，打造全场景、全流程、全链路的智能化金融产品，进一步释放数字生产力。

构筑开放＋场景＋生态金融的能力

农行于 2021 年启动数字化转型“十大工程”的建设，其中在渠道领域重点推进数字乡村、掌银、开放金融和智慧网点四大工程的建设。这四大工程构成了农行金融服务的基础，形成了集开放、场景、生态三位一体的数字化金融服务能力。下一步，在开放金融方面，在持续优化开放金融管理功能、提高相关系统对接效率的基础上，聚焦政务民生、消费零售、产业链等领域，拓展 B 端与 G 端的营销，并以高频场景带动掌银客户数的增加，实现 C 端的提升。在场景金融方面，完善数字化用户旅程设计，深化智能化数据应用，形成线上闭环营销，同时加强智慧网点建设，助力推进“用数据管理、用数据决策、用数据转型”的网点智慧经营管理模式落地。在金融生态方面，立足农行服务“三农”的根本，大力推进数字乡村建设，打造“农业、农村、农民”孪生数据服务体系，构建“三农”可信大数据库，解决农村金融数据信息难以采集的问题，加强数字化风控体系建设，为农村客户提供多元化、有温度、高效率的数字化信贷产品和服务。

形成全方位客户洞察＋金融服务的能力

随着数字化转型进入攻坚阶段，传统人力消耗大的厅堂营销和上门获客的方式逐步被智能手机、轻量化金融终端以及开放场景的线上触点所取代。未来，应该进一步加大数字化金融服务的力度，利用5G技术与VR/AR、数字人等智能技术的融合应用，不断拓展农行线上营销的深度和广度，探索全方位客户洞察的新赛道，逐步推动农行金融服务模式向实时的线上化交互和用户个性需求的智能化感知方向发展，建立全渠道、多策略的闭环管理、智慧营销的数字化金融服务体系。

生产力的发展是不以人的意志为转移的，历史潮流总是浩浩荡荡不断向前推进。在全社会推进数字金融建设的大背景下，商业银行必须主动调整生产方式去适应生产力的发展，切实做到通过数字化转型实现为民服务的目标。“十四五”时期，农行将全面融入数字中国建设的进程中，立足于打造数字时代竞争新优势，以数字化转型驱动全集团工作方式、服务方式和治理方式变革，按照急用先行原则，协调推进数字化转型“十大工程”建设，加快形成科技引领、数字赋能、数字经营的智慧银行新模式。

城燃企业信息化历程中的数字化转型

韩金丽

促进数字技术与实体经济深度融合，赋能传统产业转型升级，壮大经济发展新引擎，是国民经济和社会发展第十四个五年规划的重要内容。为提高传统型能源企业的经济效益和市场竞争力，以北京燃气为代表的城燃企业的信息化进程借鉴了诸多先进行业的实践经验，以业务流程优化和重构为基础，利用计算机技术、网络技术和数据库技术，通过采集、集成、控制管理企业在生产经营活动中产生与接收的各类信息，实现城燃企业内外部信息的共享和有效利用。有了企业信息化的基础，业务的标准化、规范化水平也逐渐提升，原本分散、互无关联的数据也开始应用于分析和预测，新的数字化技术为技术与业务的融合创造了更好的条件，企业数字化转型成为当前即将深刻影响每一个社会领域与行业发展的新趋势。

数字化转型对实现能源结构调整及双碳目标具有重要意义

按照北京“十四五”发展规划的要求，北京将聚焦数字产业化、产业数字化，实施促进数字经济创新，推动数字经济与实体经济深度融合、政府服务与市场参与高效协同，实现全方位、全角度、全链条、全要素数字化转型。基于市级大数据平台建设城市大脑中枢，建立物联、数联、智联三联一体的新型智慧城市感知体系，实施“城市码”体系建设工程和“时空一张图”工程。制订首都能源综合保障方案，完善多源多向、多能互补、城乡协调的总体策略。提高能源运行精细化、智慧化水平，确保城市能源运行平稳。

能源结构低碳化转型加速推进。碳中和已成全球共识，能源转型是大势所趋。碳中和目标下，我国能源结构将发生颠覆性变化，由目前化石能源占比80% 以上，转变为非化石能源占比 80% 以上，能源体系也将发生革命性重塑。以风能、太阳能、氢能、核能等清洁能源为主的新能源体系将逐步形成，能源结构绿色低碳转型，煤炭、天然气与可再生能源融合发展，以化石能源为主的现代化能源应急储备体系全面建成，2060 年非化石能源占比超过 80%。全面建成智慧协同、多能互补、多网融合、快速响应的智慧能源系统。

大力发展基于清洁能源的智能化开发及应用技术是建立清洁低碳、安全高效能源体系的必然选择。建立贯穿能源全生命周期的精细化管理，离不开深度融合信息化、数字化技术，并将多能互补和源、网、荷、储、用各环节横纵结合的智能能源方案，其对碳生成、碳排放、碳回收的数字化全程量化跟踪与处理，是落实“3060”双碳目标的有力抓手。

习近平总书记关于城市管理应当“像绣花一样精细，提高城市科学化、精细化、智能化管理水平，努力让城市更有序、更安全、更干净”的指示，也成为了中国城镇燃气行业实现数字化的重要政策环境支撑。在中国城市日益趋向精细化管理的过程中，城燃企业需要勇于担当，承担历史使命，发挥积极作用，通过抓住数字化转型发展的历史机遇，努力成为现代城市综合运营服务的创新者和市政基础设施行业的引领者。

面对民族伟大复兴的历史使命，中国城燃行业应勇于担当，努力抓住数字化转型发展的历史机遇，努力实现双碳目标，成为国家经济发展与社会进步的强大引擎。

企业数字化转型的特征

信息化是将业务信息以数据形式录入到信息系统中，只是辅助工具，是对现有业务的一个模拟和映射，实现业务流程的固化，同时产生大量数据，这也就是为什么我们会觉得信息化增加了工作量，带来了不便。而数字化就是用数字的形式来表达企业经营状况，以每项业务活动都能用数字来描述和运行为基础，通过数字化手段改变业务，让数字化的对象成为业务本身，使管理扁平化、信息更透明。

数字化不可能脱离信息化的支撑，推进信息化发展的必然结果就是数字化。业务生产数据，数据反哺业务，从而推动数字化转型。**数字化转型是信息化的高级阶段，本质上是业务转型，是信息技术驱动下的一场业务、管理和商业模式的深度变革重构**。

北京燃气自从1984年在国内燃气行业中率先建设了煤气管网地下图档系统以来，先后经历了专业应用、业务驱动以及平台发展的三个阶段，30多年来，集团建设并上线应用系统达54个，实现了业务全覆盖，形成了涵盖信息化从规划、计划到建设、运维全生命周期的综合管理体系、制度标准管理体系和安全管理体系。完善了5大业务应用平台、4类信息技术支撑、3项信息化管控和保障的信息化总体框架。同时，配合智慧城市的建设，北京燃气正在开启"智慧燃气"建设的新征程。

为了达成数字化转型的目标，城燃企业可依托云计算、物联网、大数据、移动互联网、人工智能、第五代移动通信、虚拟现实与增强现实等前沿技术，实现数字燃气，努力提供"智能创新、集约共享、移动互联、敏捷安全"的数字化服务，向数字化企业迈进。

城燃企业应努力向能源互联网创新平台的方向发展，以数字化转型为手段，提升运营效率，降低运营成本，提升服务水平和用户体验；同时积累行业和城市运营管理的大数据，构建大数据分析能力，提升企业的核心竞争力，努力为构建绿色低碳、高韧性的城镇燃气供应体系提供坚实的物质保障。

北京燃气的实践中数字化转型目的

北京燃气的实践中数字化转型目的通俗地讲就是让城燃企业不但能够活下去，并且能够活得更好，也就是让企业从高速发展向高质量发展进化。高质量包含三个要素：一是企业生产的产品或提供的服务是高质量的、具有竞争力的；二是生产产品和提供服务的过程是高效的；三是企业的发展是可持续的，体现在两个维度——既要考虑当前发展的需要，又要考虑未来发展的需要，保证企业在相当长的时间内长盛不衰。

城燃企业通常承担三大业务职能：稳定供气、安全运营、客户服务。为此，城燃企业需要不断提升核心资产供气系统的有效性，在最优配置资源的情况下降低用户的用气成本，保障运营体系的完整性和应对突发事件的韧性，还要强调环境的友好性，在提高能源利用效率的同时，减少碳排放和甲烷排放。解决上述问题的办法和途径就是数字化转型。城燃企业拥有数字化的能力，这不是选择题，而是个必答题。

未来的城燃企业将与上下游供应商、客户一道，共同管理整个价值链的燃气应用。就像互联网企业管理、运营其客户信息一样，企业的核心竞争力变成“管理流动的信息”的能力：对内用数字化技术找业务的基因，用数据加算法模型打造城市燃气运营的基因图谱，用数据看穿、看透业务，用大数据精打细算，预测供气系统的风险，并提出准确的控制措施；对外要通过业务数据化的平台与客户形成合作协同的生态链，与灵活、可调节、分散的以可再生能源为主体的未来能源结构有机结合，潜在的新兴商机将跨越城燃企业的传统业务。

北京燃气在数字化转型历程中的典型实践

围绕着云计算、物联网、大数据、移动互联网、人工智能、第五代移动通信等前沿技术应用，北京燃气在数字化转型过程中已获得重大进展。以下介绍三个方面的典型实践案例。

一，在物联网技术应用方面，进入21世纪以来，伴随智慧地球、万物互联理念的成熟以及相关技术与解决方案的持续演进，物联网应用开始加速发展，并在许多行业启动了规模化商业应用。这一趋势已对公用市政管理、生产管理与控制、现代物流与供应链管理、交通管理、节能管理等领域的管理模式革新产生了联动效应，相关技术应用也促进了智能城市管理平台的形成，并成为包括北京燃气在内的众多市政企业在数字化转型过程中必须关注的重大课题。

物联网技术及其应用将极大地推动智慧城市的建设，物联网技术将全面促进数字化城市市政管理工作自动感知、快速反应、科学决策能力的形成。

在国内公用市政管理领域，围绕水、气、热等学科专题的物联网应用探索正呈加速之势。作为典型的传统能源企业的代表，北京燃气也是城燃行业内致力于构建覆盖全业务链条的完整的燃气物联网应用方案的先行企业。鉴于企业面向社会提供了覆盖城市燃气规划设计、工程建设、生产运营、销售服务、安全管理等多个业务环节的清洁能源综合运营能力，其构建的燃气物联网应用方案须首先满足城燃企业自身的业务场景运营与业务流程管理的需要，然后也要考虑提供后续移植到市政管理不同业务领域的应用拓展潜力。

作为企业数字化转型的基础技术保障，及“互联网＋智慧燃气”发展时代贯彻智能气网理念的枢纽性信息平台，北京燃气于2018年5月开始启动北京燃气物联网平台的建设，并已在燃气计量管理、燃气管网设施管理两个业务领域率先开展了应用对接。物联网平台通过覆盖相关运营场景，帮助北京燃气实现了对即时业务数据的采集，进而为日常经营、战略决策提供了精准化的能力支撑，在城燃行业树立了应用标杆。

燃气物联网平台，在城镇燃气物联网体系架构中，是在燃气业务与数据之间提供高度融合贯通，以及高效管理、智能运营、便捷服务等技术支撑的枢纽信息系统。平台通过统一智能终端管理标准，统一接入规范，统一从智能终端覆盖到上层应用的安全管理，统一数据采集，同时结合业务中台和数据中台，可解决燃气信息化建设过程中易于出现的异构系统信息孤岛问题，为跨业务的联动控制、数据经营、业务创新和规模化发展提供能力支撑。

北京燃气物联网平台的构建，采用了分布式、模块化的设计理念和时序数据库、微服务、云计算等先进技术，平台一期整体架构承载于公有云，已提供了设备连接管理、用户识别卡连接管理、物联网安全管理等基础功能。燃气物联网平台的后续演进，将实现从资源、应用到服务全过程的一体化管控，向构建合作开放的市政管理物联网应用生态圈的方向发展。平台二期建设将实现私有化部署。燃气物联网平台的核心功能通常包括：设备管理、接入管理、规则引擎、数据采集。当智能终端接入平台后，可以基于周期性或事件触发性规则进行数据上报，由平台对智能终端的状态数据进行解析，加密业务数据上报。能集中管理各类数据的存取位置、访问途径、关联关系等相关信息。支持多种主流数据接入协议，并通过数据视图的方式，为不同应用提供安全、灵活和有效的数据访问和查看方式。

在数据上报与指令下发方面，智能终端可以按照规定主题向物联网平台上报数据。

在安全管理方面，物联网平台提供加密传输通道，可自动进行密钥管理、数据加密、数据完整性保护，确保智能终端数据在传输过程中的安全；通过密钥访问鉴权机制与通道加密的双重保障，实现信息安全。为保障智能终端数据安全，防止恶意攻击，智能终端每次接入平台时都要进行身份认证，避免非法终端的接入。

在应用管理方面，物联网平台通过提供丰富的 API 接口，对各类应用开放告警设置、信息安全等服务能力；同时提供应用创建、SDK 下载、套件管理、快速部署等第三方能力集成。

二，在数字化运行管理平台建设方面，北京燃气数字化运行管理平台以数字化转型要求为指导，构建统一的物联网时空大数据云服务平台，依托先进的 3S、物联网、大数据和云服务架构，融通传感测量、信息通讯、自动控制、数据展现、应用集成等各类技术，从感知、通讯、数据、调控、运营、决策层面，构筑数字化管网基础设施和信息物理系统（CPS），全面提升物理管网的运营管理水平，最终形成以数字管网为基础的规划建设、以风险预评价体系为基础的运行维护、以需求侧管理和工况调整为基础的智能化生产供应体系。北京燃气已经实现智能巡线、智能调压、应急抢修、调压诊断、泄漏检测、防腐检测、井盖防侵入等 8 项专业模块的一体化融合和业务管理互通联动，实现了统一数据管理中心和业务生态协同，初步实现横向到边、纵向到底的燃气管网生产运营管理支撑体系，结合管网自动化系统的能力，平台融“管”“控”功能于一身，向实现管网全面智能化运行迈出了坚实的一步。

三，在大数据技术应用方面，北京燃气依托大数据技术构建了客户数据分析平台，目前已应用于销售服务全业务流程，涵盖销售数据统计、计量数据统计、客服数据统计，实现了从集团总部、分子公司各级管理层到各服务中心网点一线员工的全面应用，业务流程与业务数据全面实现信息化统一管控、高效管理，有效支撑领导层、管理层人员，各级管理人员可以随时提取关注的业务数据，实时、全面监控业务流程、业务质量，把控各项工作计划的开展情况等。通过逐步取消各类纸质报表，将实现全部报表信息化、数字化管理，减少基层职工的工作量。北京燃气客户数据分析平台主要分为六大统计分析及功能模块，分别是客服全景视图、销售管理统计分析、计量管理统计分析、结算管理统计分析、客服管理统计分析、智能物联网表管理统计分析。

城燃企业数字化转型的路径及阶段划分

城燃企业作为能源行业的重要代表，提供了清洁化石能源开发与业务应用的基本平台。国内众多城燃企业汇集了各型城市的燃气管网输配、燃气计量销售、燃气工程施工、燃气安全管理等诸多业务环节，拥有开展企业数字化转型的丰厚潜力与良好前景。应用数字化新技术，对于建设燃气管网全生命周期全要素的全连续全时空管理体系，对于打造数字化工厂和综合数据分析系统，对于建设安全、稳定、高效的基础网络与数据驱动的经营管理系统乃至燃气工业互联网平台，将是一种强大的能力保障。为解决数字化转型面临的业务断续、保障确实、切入点模糊、安全不配套等问题，城燃企业可考虑采取以下措施：以统筹安排、提前规划、有效实施、充分培训确保业务连续；从保障供应角度进行数字化转型设计、实施和管理，并做好应急准备；可快速迭代、快速部署、对敏捷性需求较高的新兴业务或相关模块优先开展数字化；充分考虑建设数字化中、数字化后的安全防护、安全监测、安全恢复和审计溯源能力；按各信息系统的业务复杂度、适用场景、安全等级、重要程度、影响范围、数字化迫切程度、数字化成熟度等因素分步数字化。

城燃企业数字化转型的进程需要逐步提升，全量、全过程、全要素的数字化需要培育，技术架构也需要创新和验证。以北京燃气为例，“十四五”期间其数字化转型分两步走：第一步是以点带线，在数字化业务场景中找突破，建立信心和方法论；第二步线面结合、跨业务应用，业务与数字化深度融合，推动组织、业务、管理的变革调整。近期北京燃气的工作重点在 7 大板块、19 项数字化提升，既有信息化系统的建设和续建，又有数字化场景的建设。

城燃企业数字化转型的阶段性划分大体可以包括三个阶段。第一阶段，优先在行业领先企业中倡导建设企业智能化开放创新平台及相关标准，以从涵盖的业务形态到采用的信息技术，全面支持数字化。基于物联网、云技术、大数据、人工智能等新技术的融合，构建企业智能化开放创新平台，辅助智能决策和业务自动化，驱动业务系统数字化升级，实现能源企业的个性化、定制化、精细化的生产和服务。通过在行业领先企业中优化增强、全面推广企业智能化开放创新平台，在城燃企业及其各分支机构的应用推广拓展既有成果。

第二阶段，在前一阶段成果的基础上，重点进行行业平台的建设。结合现有专业优势，聚焦于行业应用服务化建设和行业数据汇聚与服务，积累围绕城镇燃气等的行业大数据，形成大数据分析能力，并输出自身数字化能力；聚焦于平台运营和物联网、人工智能等新技术应用能力，探索新的商业模式，有效促进传统能源产业的转型升级，创造新的商业价值，实现市场规模性扩张，进一步扩大能源企业的影响力，提高在新常态下的发展动能和竞争力。

第三阶段，在城燃行业的不同分领域持续完善提炼、服务于各分领域的行业进步需要。比如，通过逐步推广领先企业在构建完善数字化服务体系方面的经验，进而联结同一行政区域的物联网、大数据，并以由数字规划与数字建造管理构建出的数字孪生城市为基础，与城市政府紧密合作，支持构建此行政区域的城市智能运行平台，通过快速处理区域市政设施物物相联后在运行中产生的大量数据，及时做出预测或发出指令，提升在线优化分析能力，成为智慧城市的重要组成部分，为智能化、精细化的城市管理奠定基础。

城燃企业数字化转型的措施

为了提供智能能源所构想的更透彻的感知、更互联的通信、更集成的数据、更精准的调控、更科学的运营、更智慧的决策等多方面的能力，打造安全、和谐、绿色、智能的新型城市能源供应体系，中国社会需要规划和引导清洁能源有序流动，提高能源系统的安全性、生产率、可及性、可持续性。在此过程中，城燃企业应关注重新设计围绕技术应用的客户体验新方法，实现数据和技术的去中心化，厘清数据所有权、控制权、管理权，明确专业技术的应用场景和应用价值，并重塑商业模式、树立新的行业标杆，同时更加突出区域化、技术主导化的发展特征。为达成上述关切所对应的战略目标，城燃企业需要采取以下一系列数字化转型措施。

一，推进智能能源标准体系建设。预先实施能源智能化发展评价，通过明确智能能源的发展阶段，了解现在和未来的发展方向，确定实现智能能源发展所需的前提条件。据此开展智能能源标准体系建设，搭建数字化转型标准框架结构，建立涵盖基础共性、通用技术、数据要素、数字化工具、安全等领域的标准体系。其中基础共性标准用于统一数字化转型的术语、相关概念以及通用要求；通用技术标准包含工业大数据、工业云、数字孪生、工业智能等通用领域的技术标准；数据要素标准用于向数据这一数字化转型的核心要素提供全生命周期流动运转的规范和引导，包括数据采集、数据存储、数据可视、数据共享和数据确权等方面的标准；数字化工具标准包括数据字典规范、数据治理框架、平台选型指南、App 开发环境要求等方面的标准；安全标准将定义数字化转型中数据安全、网络安全、平台安全和供应链安全等标准。

二，加强智能化设施投入，完成设施升级改造。以城燃企业的设施智能化为例，在燃气调压站与调压箱方面，较高压力级制的重要节点建设投入相对较大，智能化程度较高，但较低压力级制节点的智能化程度相对较低，客户数据无法与设备衔接；燃气阀门井因缺乏阀位监测等功能，存在安全管理短板；燃气管线缺乏防破坏预警、防腐预警等功能；燃气表具方面，非民用计量表智能化程度较高，但民用计量表的远传功能以及数据分析与管理能力不完善。

三，完善数据应用与管理，增强智能化深度应用。应全面加强对能源管网设备设施的实时监控，建立设备档案，将相互关联的数据集中于同一系统中，形成设备数据的完整性视图；保证实际管网设备与图档数据的一致性；统一客户数据的识别，提高数据采集录用效率，降低成本，保持及时更新；增强便捷性，让客户和运营方可以通过智能终端随时随地访问相关数据。

四，完善智能信息平台，加强核心系统自主可控能力。通过统一的信息化运营平台实现自上而下的统筹管理；各系统之间建立数据共享机制，从而对异常、事故、作业等管理过程进行闭环跟踪和管理；充分发挥数据的价值，挖掘其中蕴含的规律和模式，为企业的科学决策提供辅助支持；抓住当前国内信息化高速发展的契机，实现核心信息平台等重要技术方案的自主可控。

城燃企业数字化转型的经验

在数字化转型提升过程中，网络安全、数据安全是基线，在技术路线的选择上，最基础的考量因素是应采用国产化的信创产品。此外，还需要考虑以下几个方面的问题。

需求管理

业务需求的梳理是决定一个系统成功与否的关键，一定要由做业务的明白人回答解决什么问题、达到什么目的，同时要上下贯通、横向联通，在广泛征求意见的基础上系统性统筹，不仅解决现在的问题，也要解决未来智能的问题，拿出相对清晰的方案，分出轻重缓急和阶段性目标，切忌把建设需求当成一个杂货铺，把想到的都装进去，那样就会顾此失彼，导致核心主线无法清晰呈现。

较成功的做法是基于五个试金石：内观、互观、外观、统观、远观。内观就是对自己业务条线管理的摸底；互观就是横向业务的互动分析，不是从管理职责来划分，而是从服务的管理对象全生命周期来分析；外观是与技术部门一起走出去，学习其他企业的相关业务的做法，了解新平台、新产品与业务结合后的新模式；统观是指广泛收集意见，自上而下、自下而上地反复讨论，同时学习其他业务线上运行的经验做法，统筹研究如何用数据来描述自己的业务活动，包括这些数据从哪里来、服务于那个环节，相应的标准和绩效考核指标是什么；远观是看未来，以终为始，从集团发展战略看自己业务的定位，看未来业务会是什么状态，反推现在应该做什么，分成几个台阶才能达到目标。这五个试金石缺一不可，推进的方式就是反复讨论，最后打磨成既满足眼前要求又符合未来发展需求、可以实施的方案。

方案一旦确定就要先固化下来，如果发现问题需要调整，也要经过谨慎的评估再调整，否则建设的计划就没办法完成，成为敞口项目。系统是在用的过程中不断优化、不断迭代的，越用就越好。因此各业务部门，尤其是主要负责人一定要投入业务需求的梳理中，严格地审核和把关。

技术支持部门要与业务部门广泛交流，多学习业务知识，在综合先进性、稳定性、成熟度和投入成本的基础上，选取最优的实现路径和技术架构。

业务理解

业务是核心，找到痛点，不能只见物不见人。数字化必须围绕需要解决的问题或确定的发展方向，切忌为数字而数字、为智能而智能，要防止围着概念转。的确，因为信息化需要通过新的通信技术实现，数据加算法平台的形式以及运行的方式与传统的口说人写的形式有很大区别，不太直观，尤其是改变以往垂直层层上报的习惯，岗位和角色、职责在系统中的体现更难转换，还有就是结构化的数据操作复杂，给具体执行的人员增加了工作量，这些都是数字化提升过程中的成长烦恼，是正常的，依靠系统来解决一切并不现实。从北京燃气以往系统建设的经验来看，业务驱动的项目进程顺利，系统使用的效果也就好，平台和技术路线的选择也重要，但关键在于能否解决业务问题。**一类业务对着一套方案，具有个性化的特点，但是数据是可以连通和对话的，标准必须统一，**因此建设是阶段性的，使用是长期的，数据的管理和分析机制要跟上，保证数据的全面、实时、准确，这样才能提供决策和判断。

评价标准和流程

核心就是如何评价城燃企业从采购、供气到用户全过程的完整数字链。最后的落脚点是每个业务活动和场景都能沿着它的发展方向不断提升质量，在这个过程中不断获取价值，而不是使用了什么样的数字工具或者是采用什么样的数字概念工具。

一个直接的评价标准是经营量化业绩，另外一个间接的评价标准就是生存力是否提升，在产业链、价值链或创新链中的位置是否上升。评价方法是对上线运行的效果进行评估，并由信息和数字化管理委员会来评审。由项目实施单位和技术部门共同承担完成任务的责任。运行效果可以通过企业决策平台看到数据的变化，所以评价者应当掌握经营管理平台、生产数据平台和用户服务平台等核心信息系统的使用方法，及时更新数据，及时跟进指标的变化。

数字化转型对城燃企业是全方位的转变

企业数字化转型是发展理念、组织方式、业务模式、经营手段等要素的全方位转变，**既是战略转型，又是系统工程**，必须体系化推进并抓住一系列关键点：以战略规划为思想引领，以路径选择为成败关键，以企业上云为切入点，以数据共享为技术路线，以适应变革为创新导向，以供给改革为关键保障，以人才保障为核心动能，以机制建设为持续保障。

其中，数据管理创新具有特别重大的意义。作为企业生存的血脉，数据流是能源企业构建数字经济时代核心竞争力的关键。打通能源企业各个环节留存的数据，促进业务数据在能源企业各个环节快速共享，将有利于降低数据使用成本，有利于能源企业信息流引入物资流、资金流、人才流和技术流，有利于更好地促进能源企业业务创新和发展方式转变。城燃企业应当构建企业大数据中心，统筹规划企业数据资源，建立企业基础信息库、业务信息库等，推进各类业务信息系统数据和系统分离，实现企业数据资源的统一规划、统一存储和统一管理。同时，应根据业务数据流动的需求，加快能源企业信息系统升级改造，推进企业信息系统互联互通，确保数据能够根据业务应用需求实现无缝流动。通过构建企业数据利用统一支撑平台，完善数据开发利用规则，健全数据治理机制，以数据应用创新推动业务创新变革。

城燃企业从业者应转变思想观念，以适应数字化转型

首先要换一种想法：未来意味着改变，最艰难的改变不是技术的发展，而是观念的改变。观念的改变需要全员参与，企业高质量发展的实现离不开共同体中每个人的积极参与，每个人都要有高度的责任感，每个人都不能掉队。关于数字化提升的思想动员，可以通过例会、业务需求的梳理、建设方案的讨论、交流、培训等多种形式，促进企业职工对工作进行再思考，提升全员对于数字化转型的认识和参与度。

第二是换一种做法：业务单元要立足于业务的数字化，注重业务间的协同和数据的共享，把系统和典型数字化场景设计好、建设好、运行好。各分支机构要用好，确保数据的准确性、完整性、连续性。跟随信息系统和数字化场景的成熟，逐步推广，不断扩大应用范围，为成为行业数字化的产品打好基础。

第三，换一种管法：各级管理人员要习惯用数据说话、用数据分析、用数据决策，用平台管业务，确保业务流程线下与线上保持一致，逐步减少线下报表和业务。技术支撑部门要确保系统的互联互通，改被动应用为主动赋能。

运用企业架构思想，实现数字化转型可持续发展

米子龙

在本文开篇，我想先介绍一下自己。我是1998年毕业的，之后一直从事IT相关的工作。最早我在中国化工进出口总公司的电算科从事程序开发工作，后来随着技术和经验的不断增长，我又去过很多家公司，包括中软、BEA、IBM、惠普、Oracle等，目前我在SAP公司担任大中国区首席企业架构师。

回顾这24年的工作经历，我主要从事过三种职业，包括程序员、项目经理以及架构师。其中架构师这个职业我做得最久。从2008年我加入IBM公司并真正系统性地学习了“企业架构方法”之后就一直延续，不管后来“跳”到了哪家公司，我的职位都没有变过。所以，后文中我会主要从企业架构的角度谈谈我对数字化转型的思考。

我为什么要谈架构？

企业架构，听上去还是挺高大上的，起码在2015年以前是这样的。那时候大部分的企业已经在“十一五”和“十二五”的洗礼中完成了自身信息化的全覆盖。然而随着企业越来越依赖IT，发展中也出现了不少掣肘。特别是面对越来越旺盛的需求变更和越来越复杂的IT环境，如何更好地支撑业务并创造价值？架构被推出，成为各大企业解决问题的不二法宝。可以说，“十三五”期间

是架构的黄金年代，作为架构师的我也充分享受了在此期间的巨大优越感和成就感。

时间转到2015年，伴随着互联网企业的巨大成功，一时之间，全国乃至全球都在热捧“互联网＋”的创新模式。各个企业无论大小也都极力尝试着参加“云、大、物、移”等技术带来的盛宴。此时架构如昨日黄花般渐渐淡出了企业的热点。更有甚者，某些痴迷于互联网企业分布式架构的粉丝开始攻击传统架构思想保守、技术落后。

然而，经历了三年左右互联网模式的尝试以及各种新技术的加持，绝大部分企业并没有如愿以偿地实现巨大的商业成功。浪潮退去，互联网模式也淡出了企业的热点。于是在2020年前后，“企业数字化转型”的目标再次扛起了企业IT变革的大旗。放眼望去，各个企业无论大小又一次热火朝天地开启了各类基于数据的项目，如数据湖、人工智能、机器学习、客户画像、语音识别、知识图谱，等等。彼时彼刻，架构并没有因其曾经与互联网模式格格不入而被重启，在新的发展浪潮中它再一次被忽视了。

诚然，在最近的五年中，架构话题也许没有了以往的热度。不过就个人而言，我不仅没有丝毫怀疑架构理论，而且还更加坚定了对架构方法的信念。因为在这五年中，我参与过各种项目，包括制造、能源、食品加工等行业，涉及IoT、Microservices、DevOps、ERP、Oracle、SOA、Bigdata、Data Warehouse、Data Governance、AI、ML、Cloud、Docker、K8s以及多种开源框架，不管是什么类型的项目，架构理论都是我的实施宝典！而更加令我自豪的是，我的客户，其中不乏“85后”“90后”的新人，他们也都逐渐改变了以往对架构的认识，并积极地运用架构方法进行思考和实践，成为架构思想忠实的拥趸！

我对架构的理解

“架构”一词源于建筑行业，出自拉丁语系甚至更古老的希腊语 Arkitekon。此刻，不知您作何感想？记得我第一次看到这个解释的时候，心中立即泛起了一丝波澜。无数散落在历史长河中的建筑遗址映入眼帘，这些显著的史料标志着人类文明的不断演进和创新。时至今日，人类依旧在探索建筑的新高度，人类创造建筑，同时也创造历史。而无论建筑如何日新月异，架构都始终贯穿其中。那么，到底什么是架构呢？

同样的问题，我最早在 2007 年就遇到了。那是一次客户高层汇报，其间一位领导问我：“什么是架构？”当时我直接背诵了一遍定义，意思大概如“……整体结构与组件的抽象描述，阐述结构内部与结构之间的关系……”。时至今日，我依然记得在听完我的解释后，那位领导一脸茫然的神态。现在回想起来，那位领导还是非常包容的，他没有继续刨根问底。换作是我，也许我会要求演讲者使用“人类可以听懂的语言”再描述一遍。这件事无疑深深地触动了我，以至于之后很长的时间里，我一直在探寻到底什么是架构。直到有一天，我看到了那幅图画——达·芬奇的作品《维特鲁威人》。

不知大家还记不记得汤姆·克鲁斯曾经主演的电影《达·芬奇密码》，其中一个经典桥段是：当男主看到老博物馆长神秘被害，特别是呈现出奇怪的人体形态时，他突然想起了达·芬奇的传世经典《维特鲁威人》，由此引发了后续一系列的精彩剧情。无独有偶，也恰恰是这幅画作启发了我对架构的思考，并深深吸引着我沿着架构之路走到今天。

简单介绍一下，维特鲁威生活于公元 1 世纪左右的古罗马时代，由于他在建筑行业的卓越成就，他被后世称作建筑师的鼻祖。他曾提出的建筑三原则，在 2000 多年后的今天，依然被后世遵循，即**建筑的“实用、美观、坚固”三原则**。

回到什么是架构这个问题，借助职业称谓的同源性（建筑行业与IT行业都称Architect），我直接引用了维氏的三原则。我理解的架构就是实现“实用、美观、坚固”的构造。与建筑业的区别是，在IT行业中实用体现为设计之初对业务需求的理解，美观体现为设计时的参考和创意，而坚固体现为最终构造的可用性。不知道大家是否同意我的这个定义？至少我非常喜欢这种直接、清晰的描述方式。自此之后，我时刻将“实用、美观、坚固”奉为自己的设计圭臬。

除此之外，还有一个经典的架构定义和方法，源自约翰·扎科曼（John Zachman）在1987年创立的全球第一个企业架构理论以及企业架构框架（Zachman Framework）。诚然有了如此神器，可以更加标准化、体系化地从事架构实践，但无论采用什么框架（业内比较流行的架构框架还有ToGAF、FEAF、DoDAF等），其最终目标都是实现架构设计中的“实用、美观、坚固”。

我对企业数字化转型的理解

前面写了很多关于架构的内容，那么企业架构与企业数字化转型的关系是什么呢？在分析两者关系之前，我还需要花点时间阐述一下我对企业数字化转型的理解。

如前所述，近年来，企业数字化转型的话题早已为大众所广泛接受，但是各家企业在理解企业数字化转型这个命题以及如何实现方面相去甚远！对比以往历次企业IT变革，例如以ERP软件为核心的企业信息化建设、以SOA架构为核心的业务应用集成、以DW＋BI技术为核心的商业智能分析等，这种反差就非常明显了。为了更加清楚地说明这种反差，我结合自己的实际经验介绍几个案例。

智能制造（某大型离散制造厂商）

项目背景：智能制造是我最早接触的关于企业数字化转型的项目，那时候的立项还没有上升到数字化或者企业转型的高度，更多的是运用“云、大、物、移”等新兴技术进行业务赋能。

项目目标：对标“工业 4.0”标准，实现智能制造。采用的参考架构和业内最佳实践包括德国西门子公司提出的 Mindsphere、美国通用电气提出的 Predix 以及 AWS 提出的 IoT 架构。

项目交付：构建基于 IoT 的数据采集、数据清洗、数据存储、数据分发、数据展示以及数据处理的平台。实现在验证生产线上 MES 与 PLS 的打通，在关键设备上安装传感器并进行数据接入，实现场内 AGV 调度以及对关键设备的预测性维修智能预测。

项目总结：如前所述，这是我接触的第一个类企业数字化转型的项目。虽然在项目中尝试运用了一些新技术，如 IoT、Streamline 流式数据处理、大数据存储、MQTT 接入协议等，并达到了项目预期的效果，然而，从整个项目投入产出的角度看，这并没有为企业带来与投入对等的价值收益。具体表现在，MES 与生产线 PLC 局部的数据贯通与智能化控制并不能满足大规模定制化生产的需求，并最终实现企业 OTD 端到端的业务目标；设备智能接入可以实现环境数据采集，但是缺乏对核心部件机理模型的掌握，例如轴承损耗模型、材质强度模型等，造成机器学习和数据分析效果的失真。

从这个案例看，我认为单从技术角度赋能企业，并不能实现企业数字化转型。

大数据与数据湖（能源行业）

项目背景：数据项目是我参与过的最接近数字化转型命题的类型，毕竟

Digitalization（数字化）本就是 Data（数据）的派生词。企业希望通过对各种数据的开放和融通实现对业务的赋能。

项目目标：基于数据湖框架，对标互联网企业的数据中台，采用 HDFS、MapReduce、人工智能、机器学习等先进技术，构建企业级大数据平台。能够快速响应业务部门对日常数据、各种管理报表以及智能场景分析的需求。

项目交付：构建基于 Hadoop 的大数据平台，实现对现有业务系统、设备物联网数据、第三方数据等多数据源的数据采集、数据清洗、数据存储、数据分析、报表生成、Python 自服务等功能。

项目总结：我认为其作为新一代“企业级”大数据平台，比以往的 DW/BI 等数据类项目，在数据容量、应用场景、技术采用等方面都有显著提升，但是该项目的实施范围太大、实施周期太长、投入巨大，而过程中产生的直接效果却不明显。特别是在进行企业全数据抽取的过程中，由于历史原因、部门竖井等暴露出的主数据缺失、数据质量低以及数据分析不准确等诸多问题，企业不得不重新启动同样漫长的数据治理项目进行补救。也许时至今日，该项目仍在不断地优化和改进中。

从这个案例看，我认为基于数据的项目无疑是对企业数字化的一种推进，但是企业数字化转型是一项复杂而长期的过程，需要根据实际情况，制定长、短结合的战略目标和阶段性目标，并循序渐进。

领域驱动设计与微服务（大型车企）

项目背景：自 2016 年至 2019 年，微服务作为一种新型开发架构在 IT 行业中非常火爆。特别是其快速业务响应与开源免费两个特点被 BAT 等大型互联网公司热捧。与此同时，在传统行业的 IT 部门中也掀起了一场基于微服务架构、自开发体系的技术革命。

项目目标：基于“领域驱动设计”模型以及相应的开源框架组合，构建一套微服务架构的业务系统；该业务系统搭建完全采用开源软件进行实现，同时在开发团队中尝试 DevOps 体系实现系统的敏捷开发与快速迭代。

项目交付：根据当时的情况，选择对原有采购业务模块进行重构。在设计中采用领域划分及面向对象的设计方法，在构建中使用了各种开源软件及框架组合。包括 Tomcat、mysql、Rabbit MQ、Kafka、Redis 等平台软件，JiRA、Gitlab、Jekins、Junit、Prometheus 等开发运维软件，Docker、Kubernetes 等容器管理软件以及 Spring Cloud 相关开发框架。项目按时交付并获得业务部门认可。

项目总结：我作为总架构师带领团队实施并全程参与这个项目，实施过程中令我感触颇深的有以下几点。（1）微服务设计对核心 IT 人员水平要求非常高，特别体现在三种角色上，包括负责整体领域划分和服务设计的架构师、负责开发平台和各种开源框架集成的高级程序员以及负责底层资源平台和各种安全运维框架集成的高级运维工程师。（2）微服务设计中对数据是否进行分布式处理的决定直接关系到项目开发工作量和实施复杂度。（3）项目中各种开源框架的技术选型在一定程度上影响系统运行质量和系统使用寿命。（4）项目后期发现，传统企业业务（ToB 业务）的需求变更并没有如互联网公司业务（ToB 业务）变更得频繁。因此，并未真正体现出快速迭代的特性。同时，由于采用开源框架和分布式设计，对比传统套装软件和集中式设计，其在实施工作量方面是传统模式的 4 ～ 8 倍，当然对比软件投入成本方面，开源软件的成本投入几乎为 0。

从这个案例看，我认为分布式架构或者说微服务实施并不能作为企业数字化转型的一个充分必要条件，充其量是 IT 部门在开发模式探索方面的另一种选择。

ERP 与中台（大型零售企业）

项目背景：项目源于业内轰轰烈烈的“去 IOE”与“去 ERP”运动。特别是在阿里巴巴公司提出“中台”的概念以后，很多企业谋求转型，并将中台搭建作为企业数字化转型的里程碑式项目。

项目目标：基于阿里中台业务蓝图，打破传统组织的业务壁垒，构建面向企业的用户中心、产品中心、营销中心、采购中心、服务中心等一系列分布式的端到端服务组件。并通过服务间的快速匹配与调度实现业务弹性和敏捷，最终帮助企业实现业务模式转型。具体实现包括业务中台、数据中台、技术中台以及后期提出的组织中台。

项目交付：经过几年的尝试，从实际结果看，业务中台除了阿里自身使用外，没有大型企业成功实现，特别是那些尝试用业务中台替换核心 ERP 的企业都以项目不成功结束。数据中台在某些企业得以实现（如我前面提到的大数据项目，大部分最后转为数据中台项目），技术中台基本上沿用阿里的“输出”，并以阿里云平台的形式为部分企业所采用。

项目总结：回顾我参与过的几个项目，生搬硬套地采用互联网公司的 IT 模式并不能帮助企业实现数字化转型，特别是对 ToB 类型的企业，ERP 在财务管控、集团管控、业财一体、安全合规等方面的最佳实践无疑是企业稳定运行的不二选择。对成熟套装软件进行全面的分布式改造必然造成业务混乱以及不必要的技术成本。相对而言，对某些业务进行局部的分布式设计既有助于核心系统的稳定，也能够更好地满足业务敏捷的需求。

从这个案例看，我认为“中台”这一概念自提出起，就掀起了一波巨大的 IT 变革浪潮。在此背景下，其好的方面在于大大提升了国产软件的自主开发能力，并培养了一大批高端技术人才；其不足之处在于技术变革需要服务于业务提升。不同行业、不同类型的企业需要结合自身特点，因地制宜地制定企业数字化转型路线。

数字化营销（大型车企）

项目背景：中台之后，很多企业将数字化转型的希望投向了营销板块，这一方面源于市场竞争日趋白热化，企业必须在供大于求的前提下，通过营销手段进行破局，同时考虑到“Z 世代”人的数字化偏好。数字化营销项目就此应运而生。

项目目标：基于菲利普•科特勒（Philip Kotler）提出的营销理论，构建以客户为中心、全生命周期的数字化营销体验。打造具体包括客户画像、个性化营销、多渠道接入、线上 / 线下协同、销售方案、客户关系管理以及售后服务等为一体的数字化营销平台。同时，该平台能够提供足够灵活定制手段，实现业务敏捷。

项目交付：技术层面在核心 ERP 系统外，构建新一代数字化营销平台，技术路线全面采用云方案，包括公有云 SaaS、PaaS 及 DaaS 产品，同时部分业务功能采用微服务进行定制化开发，并在云上部署。数据层面打造营销数据赋能平台，实现统一客户管理、客户画像、精准营销、大数据分析等业务功能。运营层面实现业务人员与技术人员混合编队，开发运维一体化，快速响应业务变更。

项目总结：一方面，数字化营销平台的构建帮助传统制造型企业实现从“以产品为中心”向“以客户为中心”的转型，提升了业务能力，特别是针对新能源板块汽车的 CASE 属性，通过数字化链接实现业务闭环；另一方面，数字化营销平台充分利用各种先进的数字化技术实现对营销业务人员数字化赋能，提升其业绩表现。不足之处在于数字化营销平台与核心 ERP 系统的技术集成与业务协同还有待提升。

从这个案例看，我认为**数字化营销平台是最接近企业数字化转型的切入点**。在此过程中，数字化技术被有效地运用于实际业务环节，并为企业带来新的业务收益。同时，业务人员与技术人员的混合编队也为持续的业务创新提供参考。

云计算与企业上云

最后一个案例，我想谈谈这些年我参与过的一系列云计算相关的项目以及企业对云计算的接受程度。

早在2008年，我还在IBM工作的时候就在跟客户谈未来的趋势一定是云计算。不过，那时候真正的应用还仅仅是实现局部的资源共享。随着云计算技术的不断成熟，包括一系列IaaS、PaaS、SaaS产品的推出，客户的接受程度呈现出显著的变化。特别是针对一些初创型企业，云计算的确能够帮助它们快速建立IT能力并实现业务价值。与此同时，对于企业业务转型，云计算自身按需使用的特性也使在传统数据中心费时费力的工作变得轻松快速。

然而，时至今日，为什么在一些大、中型企业中，云计算特别是公有云的采用还是举步维艰呢？我认为这不仅仅是一个技术问题，其背后还隐藏着诸多组织及运营的问题。在一些大、中型企业过往的IT建设中，数据中心及其内部IT基础架构软、硬件资源的建设无疑是重中之重，不仅如此，伴随着数据中心的发展，传统IT部门中还保留着大批从事IT运维的技术人员。如果采用云计算，在技术转型之外必然引发组织转型与运营模式转型的连锁反应。这对这些企业来说无疑是个不小的挑战。

面对诸多挑战，我个人认为，云计算必然成为未来的趋势。就业内发展看，无论客户还是厂商，特别是大型IT厂商更是在不遗余力地进行云转型。在这样的技术转型洪流之下，任何逆势而行的选择都终将失败。这就像我经常说的一个故事，多年以前，我就给我的母亲推荐智能手机，不过她顽固地认为老人机更简单方便，然而今天再看，由于老人机不能使用微信等互联网应用，她老人家已经失去了过去的朋友圈。

诚然，企业云转型并不会像我的母亲更换智能手机那么简单。不过当某天企业发现其它企业都在通过云上实现诸如供应链整合、全球化拓展、ToB与ToC业务转型等传统数据中心无法企及的业务功能时，再启动云计算项目可能为时已晚。

从这个案例看，我认为无论什么类型的企业，在数字化时代，**采用云计算特别是拥抱公有云已经是必然之选**。在这个过程中宜早不宜迟。越早采用云计算就能够越快享受技术红利，同时积累越多的技术经验。

通过对上述案例的分析，我们可以看到企业数字化转型是大势所趋，越是大型的企业在转型过程中就越艰难，风险也越高。那么如何令大象跳舞，成功转型呢？我认为在转型之初就**必须深刻认识到企业数字化转型的三大内驱力，即技术的发展、业务的演进以及技术与业务的关系改变。**

技术的发展

自冯·诺依曼1951年发明第一台计算机至今，IT技术已经发展了70年有余。在这期间软件经历了从纸带机到操作系统、商业软件、开源社区、移动化的演进；硬件经历了从单片机到主机、PC、小机服务器、云计算的演进；数据存储经历了内存从KB级到MB级、GB级、TB甚至PB级的演进；网络也经历了从单机到局域网、互联网的演进。以上种种，表面上是技术遵从摩尔定律的发展规律，本质上是技术对我们生活的渗透性。特别是自2010年起盛行的智能手机移动化趋势使技术越来越如影随形，成为我们生活中不可或缺的一部分。（其中需要说明一下，2007年1月9日，乔布斯在旧金山会展中心的苹果公司全球软件开发者年会中推出第一代苹果手机是智能手机的里程碑事件。）正是由于这种改变，我们从信息化时代走向了数字化时代。我们在拥抱数据、享用数据的同时也被数据层层包围，深陷其中。

业务的演进

坦率地讲，业务领域并非我的专业，此处我仅以一个旁观者的角度谈一下我的看法。

业务源于企业，企业的本质是“以盈利为目的，通过社会资源配置，向市场提供商品或者服务的组织”。其中“以盈利为目的”是企业初期发展阶段的根本目标。为此企业通过一系列正规化、标准化的手段实现其规模化发展，即“规模效应”。这就是为什么业内都以进入 500 强、在纳斯达克上市的企业作为标杆。然而，随着企业竞争日趋白热化，一味地靠规模发展已经不是企业唯一的制胜法则，**通过降低边际成本从而实现边际效应成为企业现阶段追逐的新的核心竞争力**。特别是在互联网下衍生的各类共享经济更令这种竞争愈演愈烈。在这个过程中，许多传统的“以产品和服务为中心”的业务模式正向“以客户为中心”的业务模式演进。

技术与业务的关系改变

在 IT 行业中，“业务引领技术”一直是两者关系的金科玉律。不过在 2001 年我就曾听过某国有四大行之一的总行领导提出了“科技引领业务”的口号，一石激起千重浪，在遭受了诸多业务部门的不屑和阻力之后，这种提法渐渐淡化，取而代之的是“科技是业务的最佳合作伙伴”。在我的记忆中，类似的关于技术与业务关系的争论一直都没有停止过。不过，随着时间的推移，技术逐渐从最初的辅助工具演变为更加重要的角色这一事实已经毋庸置疑！恰如毕达哥拉斯所说“一切皆数”，在数字化时代，技术既代表了传统的生产力，同时还创造了现有的生产关系，并且还在不断演进出新型的生产力与生产关系（比如元宇宙）。这种改变是颠覆性的，它不再是谁引领谁的问题，而是如何将两者融合并共同创新的问题。

在这三大内驱力的推动下，企业数字化转型不可避免。在这个过程中，我认为单独满足某一内驱力都难免失之偏颇。就比如某些企业采用数字化技术进行赋能，然而由于业务的滞后和管理思维的固化，再新的技术也无非是新瓶装老酒，不能真正给企业带来价值。再比如某些企业一味地进行组织变革和业务创新，但是由于缺乏对数字化本质的理解，变革与创新最终也难免昙花一现。因此，企业数字化转型必须同时兼顾这三大内驱力，以技术与业务深度融合为原则进行顶层设计。

企业架构与企业数字化转型的关系

前面我结合自己的实践经验写了不少企业数字化转型的案例。通过整理分析，我认为所有企业数字化转型都是任重道远的，并且企业规模越大，其转型任务就越复杂、风险越高，因此就越需要一种有效的方法进行顶层设计。这里提到的“有效”是指该方法必须是可重复的、可预见的，并且是无反例的，而“顶层设计”运用了整体的设计理念。从 IT 七十多年的发展历程来看，在数次 IT 变革中为所有 IT 工作者所认同，能够全面、持续地指导 IT 设计、建设以及使用的方法只有企业架构。今天，当我们再次面对企业数字化转型的变革难题时，我强烈推荐大家采用企业架构方法指导自己的思维和行动。下面我就个人的经验，谈谈我作为一名架构师在运用企业架构方法方面的心得。

“实用”，一切源于客户

实用就是对需求的洞悉。架构师的职责就是为了满足客户需求而进行相应的设计。它是一门艺术，更是一门科学。如果简单地认为客户需求仅仅是通过机械式的需求访谈和搜集来了解，并理想化地认为客户能够清晰地知道他们想要什么，并能够运用相应的设计要素和专业术语表示出来，那就不需要架构师了。实际的情况往往是客户不完全清楚他们到底想要什么，而实施方通常认为他们就是严格按照客户需求进行设计构造的，这也是过往很多大型软件项目最终走向失败的根本原因。在这个过程中，人们忽略了架构师与客户的关系这个关键问题。就架构学科原旨而言，架构师是介于客户与实施商之间，作为设计与构造桥梁的最重要的角色，架构师不仅是，而且必须是客户的代言人、设计的领导者。

为此，架构师必须具备卓越的专业技能以及多年的培训和实践经验，才能胜任这一工作。越是在一些复杂和投入巨大的项目中，这些专业技能就显得越重要。因为复杂项目中往往充斥着大量相互矛盾的需求，当“实现”并非以“架构”作为其主要考虑因素的时候，最终就难免因为设计脆弱而走向失败。架构师的专业技能包括以下几个方面。

倾听客户的声音。这是架构师在前期需要花费大量精力的工作。通过倾听，架构师进入客户的领域，了解客户的资源和需求、困难和障碍及其心理和商务氛围。对于最终用户，同样需要运用倾听了解他们的诉求，从而考虑整体规划的可行性。

观察客户的真相。除了倾听，架构师还必须学会观察。通过观察发现隐藏在客户、管理人员和最终用户所陈述需求背后的真实情况。不要忽视对细枝末节的敏锐观察，优秀的设计往往因为局部的瑕疵而降低了整体的可行性和适用性。

思考实现的策略。设计过程始于架构师最初的想法，并随着对实际情况的了解而不断加深。否定初始的想法，建立起新的想法，并进一步优化。当架构师掌握了所有事实的全貌时，设计开始与客户结合，并形成整体。其中非常重要的一步是思考实现策略，以及如何将实现策略与客户的喜好结合在一起。从某种意义上说，架构师不只是把需求打包到软件结构中，他还要利用自己的经验和技术，通过重新组织和调整来发现机会，从而改进企业的潜质。对于策略层面的思考是每一名架构师需要具备的能力。只有这样，架构师才能跳出狭隘的牢笼，提出改善企业各个方面的创新性设计。

坚守中性的操守。在我十多年的架构师生涯中，我都不是以独立身份参与到各种项目中的，而是代表我所从属的企业为客户工作，很多时候我会面临企业的业绩目标与客户的业务目标不完全一致的情况。面对这种情况，我认为架构师作为客户的代言人和设计的领导者需要秉承“中性”的态度处理好客户利益、公司利益以及个人利益三者的关系。我所说的“中性”更多的是指对客户代言人身份的坚守，在任何情况下都不应该牺牲客户利益。因此，有时候就难免会牺牲一些个人利益作为补偿或者勇敢地退出，以便不造成公司利益受损。

综上，在项目前期，架构师就要尽可能地整合客户与企业知识，建立对企业的战略观，保持与客户的有效沟通，在倾听—观察—设计的循环中点燃智慧的火花，按照客户的喜好思考实现策略，从而达到架构设计“实用”的目标。

“美观”，设计是不可交付的

美观是架构设计的结果，不过一名优秀的架构师需要时刻提醒自己，设计是为了构造某个东西，而不只是设计它。在很多时候，有些架构师的关注点有所偏离，甚至把设计和需求文档看作是可交付的。其结果是在项目过程中浪费了大量的时间、资源，而这些工作并不被客户认可，客户认为在架构设计上花费太大，浪费了时间。

在建立架构方面，客户既想做出正确的设计，又非常渴望尽早动工。两者相比，客户更加关注的还是尽快完成构造。这就如同在项目投产以后，项目的设计蓝图总是被束之高阁，落满尘埃，可能直到某天项目再次升级或者改造的时候才会被无意翻起。

考虑到这种因素，我提出，对比构造过程，设计是不可交付的。这也就是我一直不太认同把 ToGAF[ToGAF 是 1995 年，The Open Group 在美国国防部（DoD）《信息管理的技术架构框架》（TAFIM）的基础上，提出的架构框架。2009 年，TOGAF 9 发布并成为业内企业架构师资格认证的标准体系] 作为企业架构方法进行推广的原因。我并非否定 ToGAF 框架的正确性，而是因为在实际运用中，它的 ADM 方法（TOGAF 架构开发方法，解释如何让企业得到能够满足其业务需求的企业架构方法）可能会对初学者和管理者产生误导，造成在架构阶段投入巨大的资源，而在构造阶段却没有达成客户原本的预期。相比而言，我更加推崇 Zachman 框架。Zachman 框架是约翰·扎科曼（John Zachman）在 1987 年首次提出的企业架构方法。Zachman 框架包括一个 6×6 的矩阵，其中，每一列表示企业的预期，包括 What、How、Where、Who、When、Why；每一行表示企业不同视角或角色的结构型框架。

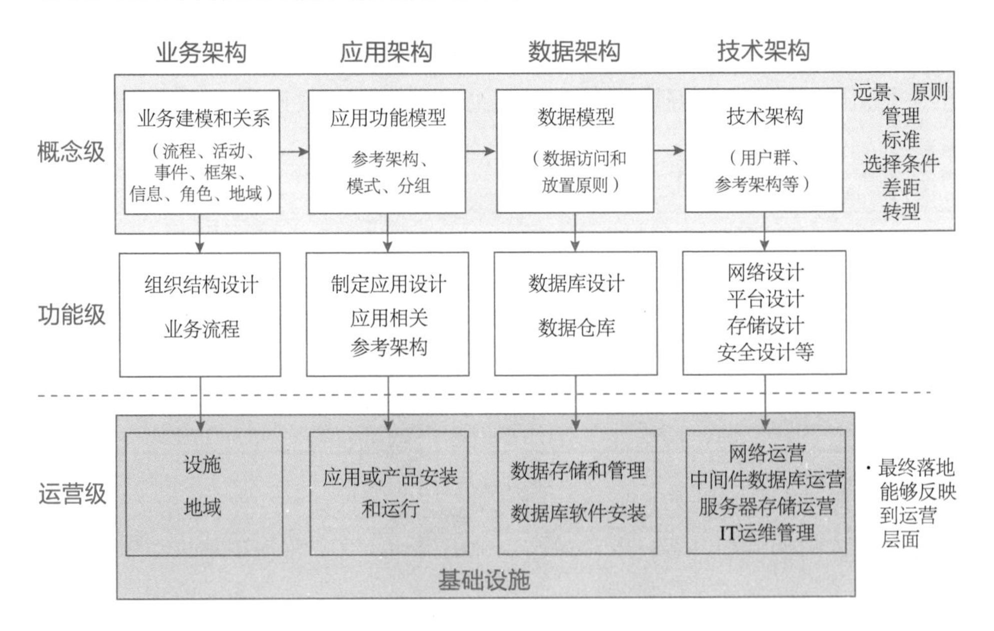

图 3 Zachman 框架

如图 3 所示，简化的 Zachman 框架是一个 3×4 的矩阵。其中，每一列分别表示业务架构、应用架构、数据架构及技术架构；每一行表示概念级、功能级及运营级的结构型框架。运用 Zachman 框架进行设计的优势如下。

设计之初，Zachman 提供了一张全面的思维导图。架构师在倾听并掌握客户的需求和预期后，通过在纵、横矩阵之间的指示，识别出项目的范围和目标，理解客户的投资背景和可能的资源局限，结合现有的技术、组织管理以及过程变化等情况，制定初步策略，确定可能的解决方案。其结果就是一个设计思路的初步成型。在此基础上，架构师与客户不断进行沟通和讨论，共同描绘出基于目标的 0 级架构蓝图。

领域划分遵循从抽象到具象的逻辑推演。通过纵向的领域划分，架构师可以同项目所涉及到的各种领域的专家进行充分的合作，同时通过横向的从概念级、功能级到运营级的不断细化实现各个专业领域中对客户需求、业务和技术环境的精确描述和概念定义，从而实现目标架构蓝图从 0 级到细化的演进。

设计阶段并非线性的，可以不断迭代。Zachman 框架在设计阶段仅仅提供了一个逻辑和认知上的框架，它不是路线图。因此，随着设计的不断细化，客户会越发清楚地看到这些图纸到底是不是他们最初想要的东西。同时，客户也可以随时提出他们新的想法甚至是发明创造。这时候，架构师不能置之不理，反而需要更加仔细地倾听、观察并揣摩客户的期望和爱好。同时提出相应的设计概念，必要的时候甚至做一些原型验证。通过这种方式形成架构师与客户相互反馈的循环，直至达成共识并定稿最后一幅目标蓝图。

设计与构造紧密结合。在 Zachman 框架中，其最下层表示运营级的要点。这就要求架构师不仅仅是绘制设计图纸，更重要的是确保在构造阶段其最初的设计被正确理解并得到执行。同时，架构师也需要根据构造过程规定的灵活性和改变量来审核构造级的设计，并对设计变更中产生的影响和开销进行分析和最终决定。

综上，设计的美观性是通过最终的构造体现的。设计过程与构造过程就如同一枚硬币的两面，它们密不可分。优秀的企业架构方法能够帮助架构师建立两者的联系，既避免了过度设计导致的无法落地，也规避了盲目构造导致的目标偏离。

“坚固”，架构计划与架构师信用

在建筑行业，坚固代表了构造的手段，包括参与构造的人、材料和构造的保障。在架构定义中我把“坚固”解释为“架构计划”。架构师通过架构计划与客户和建设团队进行沟通。计划让客户看到、明白并同意他们想要构造的东西。反过来，计划让建设团队明确他们的工作目标，计划就是他们的工作基准。架构设计与架构计划本应该相辅相成，然而在很多大型项目的实施中，设计和计划常常被分给不同的专业人士（设计由架构师负责，计划由大项目经理负责），诚然，有一个不完善的计划总好过一点计划都没有，但是这种割裂无助于架构驱动的过程，其结果往往是螺旋式失败的开始和无休止的项目交期延迟。

在我的经历中，我一直推崇由架构师编制架构计划。架构计划的组织结构就是一个关于架构蓝图的共享知识体。其内容涵盖如下。

项目商业计划：项目目的、目标、要求、预算和安排。

项目资源计划：实施范围、资源利用、时间安排。

核心客户用例（Use Case）：对关键组件功能和行为的描述以及对关键设计要点的描述。

项目实施计划（客户）：高阶的项目计划，涵盖阶段目标、资源投入、时间进度、里程碑等，对应架构蓝图的概要设计或者总体设计中的描述部分。

项目实施计划（建设团队）：详细的项目计划，涵盖阶段目标、资源投入、时间进度、里程碑等，对应架构蓝图的详细设计或者组件规格设计中的描述部分。

与建造建筑物一样，架构计划和架构蓝图的完成对架构师而言至关重要！架构蓝图的重点在于交流，它确保了架构师和客户之间可以相互理解，彼此之间能够共享观点，从而使设计满足客户的需求。架构计划在每一个领域都有涉足，它既和客户交流也和建设团队交流，为他们提供足够的细节来想象和按照计划构造。

另外，对于构造的坚固性，我还想谈一点个人体会，就是架构师的个人信用。这点对一些初入门的架构师似乎不重要，但是对一名喜欢架构、热爱架构并愿意将个人职业发展与架构紧密结合在一起的人而言，架构师的个人信用就尤为重要。特别是在长期的客户实践过程中，架构师所积累的技能、经验、职业标准和行为操守等就是他在行业内的“口碑”。而这将帮助架构师在客户面前快速建立信任，使他们相信他就是那个能够胜任客户代言人的权威角色。这无疑有助于实现架构的坚固。

常言道：工欲善其事，必先利其器，企业数字化转型无疑是今天所有企业都不得不面对的变革难题。好的方法能够对企业数字化转型起到事半功倍的效果。企业架构方法是对 IT 发展规律的高度概括和抽象，掌握了它，就能够更加容易地应对企业数字化转型的三大内驱力，运用科学的方法达到企业的预期。

与此同时，甄别和选择一名优秀的企业架构师作为客户的代言人与设计的领导者，同样对企业数字化转型至关重要。由于其角色的专业性和中立性，企业架构师能够帮助客户建立起理想与现实之间的桥梁，在众多厂商、实施商、产品以及解决方案之中发现最优选择。

中小银行数据治理的挑战与实践

沈栋

近年来，随着人工智能、大数据、云计算等新技术的快速发展，传统中小银行的内外部经营环境均发生了深刻的变化，期间数据所发挥的价值和作用愈发明显。面对这一转变，众多中小银行纷纷以数字化转型为契机，不断夯实数据基础、加强数据赋能，以迎接数字化经营的时代挑战。与此同时，监管层面对中小银行数据治理的引导和约束也在不断增强，从2018年5月中国银行保险监督管理委员会发布的《银行业金融机构数据治理指引》到2019年8月中国人民银行印发的《金融科技（FinTech）发展规划（2019—2021年）》，均要求商业银行加强数据治理、提高数据质量、发挥数据价值。

国内中小银行数据治理现状与面临的挑战

1. 数据治理顶层设计有待加强

整体而言，数据治理是一项长期复杂的系统性工程，涉及战略制定、制标贯标、质量管控、数据应用、技术支撑等多项工作。不仅复杂度高、持续性强，且需要提前明确数据治理的战略目标和治理策略。但面对上述问题，许多中小银行准备得并不充分。

2. 数据治理组织架构需进一步健全

对银行机构来讲，数据治理是一项全行性的基础工作，包含着多方面、多层次的治理过程，尤其是对于中小银行来说，如果没有全行级的组织架构与之相匹配，那么各项工作将难以有效开展。

3. 数据标准化程度不高

在落地实施层面，数据标准化建设是数据治理的重要环节，需要制定全行统一的企业级数据标准规范，并借助数据质量管控流程来实现数据标准化落地。但目前中小银行的数据标准化程度普遍不高。

4. 数据应用水平有待提升

目前，各中小银行虽已经认识到了数据应用的重要性，但在数据应用策略、数据标准化水平、数据完整性、数据应用基础设施建设、数据挖掘专业人才培养等方面还普遍存在不足，急须进一步提升。

5. 数据安全管理亟待加强

从风险管理的角度，确保数据安全是开展数据资产管理的前提和底线。但在实际工作中，随着内外部数据的广泛应用，进一步加强数据的合规性与安全性已成为中小银行面临的普遍问题，同时也是急须解决的重点问题。

6. 技术支撑能力不足

在基础支持方面，由于数据湖或大型数据仓库等基础设施的缺失，使得中小银行对跨部门、跨业务的内外部数据很难实现统一汇聚、融合与管理。同时，要运用大数据技术为业务赋能，需要强有力的技术支撑，但在这一领域，中小银行也普遍存在短板。

国外银行业数据治理经验分析（以新加坡为例）

从国外银行业的相关实践来看，新加坡作为国际金融中心之一，不仅在国际金融、贸易融资等方面处于领先地位，在资产及财富管理方面也是业界的佼佼者。与他国同业相比，新加坡银行业使用的数据非常规范，这一成绩源于新加坡金融监管局（MAS）的严格监管，同时也得益于新加坡当局对消费者权益的严密保护，包括客户的隐私数据未经授权无法被第三方所见和使用。

在数据来源方面，新加坡银行业使用的外部数据主要分为两类：一类是经政府、客户授权的可供银行使用的公共数据，另一类则是战略合作伙伴与银行共享的企业数据。同时，新加坡银行业在内部数据的治理和挖掘上，通常会按照 FS-LDM 金融数据模型对内部数据进行建模和标准化，并形成一套完整的数据治理组织架构，拥有独立或者内嵌式的数据挖掘应用部门及团队，用以支撑业务拓展。此外，底层技术支撑则一般会采用传统数据仓库与大数据平台相结合的方式，从而使数据可从底层技术支撑直接贯通经营展业中的各个环节，真正做到了数字驱动经营与数据细化管理。

中小银行 A 的银行数据治理实践

在参照监管要求与借鉴先进经验的基础上，A 银行高度重视数据治理工作的落地执行，并从组织架构与战略规划、数据标准与质量管控、数据安全与合规管理、技术支撑与能力构建、数据挖掘与应用深化五方面入手，在实际工作中逐步开展数据治理实践。

1. 组织架构与战略规划

银行数字化转型的持续推进，要求银行在部门间建立数字化协同机制，以打破部门利益垄断，加强部门间数据整合，进而实现信息共享与业务协同，真正做到“用数据说话、用数据决策、用数据管理、用数据创新”。对此，A 银行专门成立了由董事会为最高决策机构、全行数据治理领导小组为执行机构的数据治理组织架构体系，实现了全行数据治理工作的统一目标、统一指挥、统一协调、统一部署。同时，将经营线上化、产品数字化、管理数据化作为全行数字化转型战略的关键核心，制定了“先制标后贯标、先仓库后系统、以应用促治理、深化质量管控、强化技术支撑、确保安全合规”的实施策略，统筹推进全行数据治理工作。

2. 数据标准与质量管控

近年来，数据逐渐成为银行的重要资产之一，其重要性甚至已不亚于金融资产。同时，越来越多的金融机构也认识到，如果像对待金融资产那样管理数据资产，数据资产也一样可以“保值、增值”，而数据治理则是实现这一目标的主要手段。对此，A 银行重点从数据标准管理和数据质量管控两方面入手，逐步落实数据治理工作。在数据标准管理方面，A 银行主要以业务目标为基础来推进数据标准化工作。自 2012 年开始，A 银行逐步建设形成了覆盖财务统计类、风险管理类、客户信息类、业务经营类等 15 大类共计 4000 余项的数据标准体系，实现了数据贯标工作有据可依，大幅提升了全行的数据标准化水平。在数据质量管控方面，A 银行特别搭建了数据管控平台来发布已经制定的数据标准，并结合质量评估、监控等手段指导各应用系统改善数据质量。此外，还以“事前需求评审、事中质量监控、事后使用预警”三方面为抓手，形成了全流程数据质量控制机制，并依托数据质量校验平台和数据血缘溯源平台，对全行数百套系统的数据进行标准检验和问题溯源。

3. 数据安全与合规管理

对银行机构而言，当数据作为重要生产要素存在于各个信息系统当中时，确保数据使用安全合规就成为必须恪守的原则和底线。对此，A 银行通过构建多层次、全方位的纵深防护架构，形成了覆盖数据采集、数据传输、数据存储、数据销毁等全生命周期的安全保障体系。一是在制度层面，A 银行根据相关法律法规及监管要求，制定了数据安全管理、数据备份恢复管理、应用系统安全技术规范等一系列管理制度，将控制要求落实到制度当中，明确了数据相关的分类分级标准、人员管理职责、具体操作流程和系统安全保护要求，以确保数据治理工作可有效施行。二是在技术层面，A 银行从严控风险的角度出发，以保护、检测、响应、恢复等为核心，构建了涵盖终端、网络、主机、应用、业务等多维度、立体化、强纵深的安全技术防护体系，全面保障数据安全。三是在合规层面，A 银行严格遵守《中华人民共和国网络安全法》《GB/T 22240-2020 信息安全技术网络安全等级保护定级指南》等法律法规要求，以数据合规使用、数据防泄露为首要任务，建立了端到端的数据安全保护措施，并制定差异化的隐私保护、用户授权、环境管控及应用权限控制等合规管控策略，确保数据使用安全合规。

4. 技术支撑与能力构建

在基础支撑与能力建设方面，A 银行以提高信息技术的安全可控水平为目标，创新研发了多个平台系统。一是自主研发了基于大数据技术的大数据仓库，覆盖了近百个节点的 700TB 数据。二是建设"数据魔方"数据指标平台，梳理出上千个基础指标和统计指标，实现了对各条线、各业务数据口径、计算方式的统一管理。三是建设数据质量检验平台，实现了事前入仓源系统数据质量检查，事中重要任务数据准确性检查，以及事后基于业务、技术规则的数据质量检查确认。并结合数据质量反馈、确认、整改、跟踪的全流程管理，从平台和技术层面实现了对全行数据质量状况的立体式管控。四是建设了数据血缘溯源平台，通过攻克跑批引擎日志格式解析难题，从跑批运行日志层面获取血缘关系，将血缘关系的准确性提升至 95% 以上，实现了字段级的向上溯源和全链路影响性分析。五是构建了数据中台以全面整合行内外数据资产，并通过不断改进数据架构，全方位提升了从批量到实时、从文本到接口、从模型标签到可视化的数据服务支撑能力，从而为银行数字化经营发展提供了有力的技术支撑。

5. 数据挖掘与应用深化

在数据应用方面，A 银行通过对数据采用回归建模和聚类分析等深度挖掘技术，构建了各种不同的大数据应用模型，并深入应用于营销拓展、风险控制、管理改进等多个方面。以A银行最近入选人行监管沙箱试点的“快审快贷”产品为例，通过整合内外部各类数据，并为其建立数据标准（包括工商、房产评估、征信等公共信息，以及客户基本信息和账户行为信息），使数据接入效率比原来提升一倍以上。同时，A银行还围绕客户生命周期，先后建立了首提、续提、流失预警等多个数据挖掘模型，为一线营销人员提供了精准的营销名单及客户画像。此外，通过在风险指标平台上将数据加工成各类风险因子，并将其提供给实时决策引擎进行判断分析，大大加快了小微企业融资的审批速度，最终取得了良好的社会效益和经济效益。

当前，在数字经济时代，数字化经营、数据化管理已成为中小银行践行金融科技创新、推动流程改革、提高管理精细化水平的重要抓手，而数据治理更是实现全面数字化转型的关键基础和前提。在此背景下，中小银行只有始终秉持“数据是宝贵资产”的发展理念，统筹兼顾、统一部署地开展数据治理工作，才能真正全面落实各项监管要求，最终在未来的市场竞争中赢得先机。

在智能物联网的长路上摸索

李宗琦

我总是时不时想起多年前的一则广告：先是一阵眼花缭乱的场景剪辑，然后有一个酷酷的声音说“智慧的地球，IBM”。

雾里看物，水中望联

那时我在国航搞信息化建设，大部分是MIS系统的开发、ERP项目的实施之类。当时最流行的词语是“打破信息孤岛”“数据共享”“流程优化”等，仿佛一旦数据联通就万事大吉了。

我印象很深刻的是在航空公司整个维修系统内实施SAP，要用户输入大量数据，一线的用户怨声载道，怪话连篇，说花那么多钱引进的国际先进系统用起来一点都不方便，还不如以前某人编程的小软件好使。我当时最大的任务之一就是向各级领导讲解系统的价值，以获得大家对系统上线的支持。

很多用户会提出一些具体的意见，比如这个操作能不能优化一下，或者说怎么样才能更自动化一点，不用输那么多信息。但是往往讨论的结果都不尽如人意，反正SAP整个就像个sap（傻瓜），非常“笨”。当然，我们还是被迫搞了一些创新，比如用二维码实现件号序号的自动读取，后来连库房的库位也是扫描读取了。别小看这点改进，读取十几万种料号、几万个库位，还真是省去了不少的人力，也能避免输错物料号这样的低级错误。那时我就朦胧地感觉到，纯粹的信息系统配合特种设备（比如二维码扫描枪），似乎效率会高很多。

还有一个痛点也让我记忆犹新。飞机的部件有一种可替换件，也就是说有很多只有一种功用的件，是可替换的，却有不同的件号。比如，件号A的件按规定应该备200个才能支持国航的机队规模正常运转，库存里件号A的件现在只有100个，理论上需要马上增加100个。可是其实件号A′甚至件号C的件其实可以替换件号A使用，而这两种件在库存里有80个，实际上只需要再补充20个就够了。这个问题非常伤脑筋，因为解决不好就会导致库存失真，形成无效的积压，一年浪费上亿元。标准的SAP方案没有办法解决这个问题，一个物料就是一个料号，而且做MRP运算（根据生产计划计算库存需求）时就是根据料号来计算的。有些用户就说“系统没有办法的，这需要工程师才能分清楚的”，还有人说“计算机没那么智能，搞不了的”。幸亏我们团队大部分人还是积极主动地想办法，最终讨论出了一套逻辑算法。

厘清了逻辑关系，但是实施不是那么简单的。一方面是在十几万种件里面完整地建立起逻辑关系（互换件有完全等价互换关系，还有单向替换关系，而且还可能和批次有关）需要大量工作，而且涉及巨大的责任。另一个方面是需要修改MRP算法，这是SAP的一个核心算法。SAP的程序修改有一整套严密的体系，每一个更改都必须向总部研发进行申请，得到一个号（Change No.），然后实施。对于风险较大的修改总部还不一定同意。这个看起来刻板的流程，其实也是保障其软件生命力的。它使得全球每个用户无论做了多少定制，系统都不会失控，都可以升级主程序（说实话，十几年过去了，国内相当部分很大的应用软件公司的系统在这方面都还达不到当时SAP的管理水平）。

最后的结果是不错的，数据整理好了，程序修改也获得批准，上线的效果很好。那些一开始持批判意见的用户偶尔也会夸上几句“这个系统现在看起来还比较智能……”。系统上线试运行的时候，我常常在库房门口，听着二维码扫描枪一声声的“嘀”，然后看到系统自动打印出领料单，心里充溢着“我建设的自动化系统”带来的幸福感。

后来我离开了项目一线，去管理了一段时间全公司的技术架构和信息安全建设。在那个阶段，“物联网”这个词开始比较频繁地出现。不过那时的物联网几乎等同于RFID，讨论最热烈的是如何将RFID标签应用到行李追踪上。飞机维修业务中周转件（指那些需要多次使用的高价值的航空器材）的跟踪也想采用这种新技术，用以代替二维码，但后来发现意义不大，而且可能还有适航性的问题。这些讨论一直持续到我离开。

2010年，《阿凡达》上映，片中有一个场景，就是潘多拉星球里所有的纳美人能够联系到一起，纳美人也能和星球上所有的生灵交流。这一幕深深震撼了我。后来我误打误撞进入物联网行业，若干年后，我某一天突然又想起彼时的画面，就琢磨是不是卡梅隆也是从物联网上获得的灵感?

同一年，我离开老东家，加盟了。讯美公司，当时讯美公司刚刚中标了也许是全球最大的安防监控联网项目——某超大型国有银行的视频监控联网系统（以下简称V系统）建设。我现在还记得在征求朋友长华的意见时，他若有所思地说：“你可能会因此完全进入物联网领域……”果不其然，在我加入讯美后不到两年，“安防就是物联网”已经成为整个行业的共识。我记得自己还结合安防系统大量使用视频信号的特点，首次提出了“视频物联网”这个概念，可惜当时应者寥寥，不像现在已经成为共识。

“安防就是物联网”，这句话对今天的人来说是非常容易理解的。但是，2010年前，人们却不这么认为。一方面是因为安防设备刚刚开始进行数字化和网络化，相当一部分传统安防设备还是基于模拟信号处理的，我记得那时有很多报警门禁设备都是单独配置的网络模块，而IPC（网络摄像机）的应用也刚刚起步。另一方面，物联网是由纯粹的IT行业提出的概念，对于安防、工控这些行业而言，还是一个完全陌生的词语，尽管它们才应该是真正的主角。

"智慧"来自于物联

V系统大联网，确实可以算得上一个庞大的物联网建设项目。从系统的实施范围来讲，系统遍布全中国所有县域地区，涉及几万个网点、几千个金库、三百多个监控中心；从系统连接的设备数量和类型来讲，需要兼容数十种设备、上百种品牌，涉及的固件版本号（指各类安防设备的嵌入式软件版本号）达千余种；从系统功能上，需要在各类设备之间实现联动动作。比如，一个网点的某个报警装置发出了预警信息，系统就要自动调取该报警点周围的视频，把这些视频以最佳的方式呈现给监控中心的值班人员，同时还要根据警情级别展示应急预案文档和发出提示语音等。由于V系统是国内第一个同类大型项目，我们当时没有太多可以借鉴的模板，很多开发思路和实施方法都是边干边摸索的。在这个过程中，我们取得的最主要的创新点有三个：T/S架构模型、VIPI实施方法论和事件联动引擎。

T/S架构模型是我们自己的称呼，其中T是设备接入层（Things），S代表应用服务层（Service）。在经典的物联网理论中往往把物联网系统分为设备层（或者接入层）、传输层和应用层（或者服务层），我们在项目实践中发现传输的问题往往不是应用服务商重点关注的问题，或者说客户的聚焦点不在这里，所以就将设备接入和应用服务重点提出来。另外还有一层意思，就是对整个应用来讲，设备接入和应用服务需要解耦，这样系统的开发和实施效率以及客户体验和后期可维护性都会更好。举个例子，我们的系统需要接入五种视频设备和三种门禁设备，同时用户在使用中有20个功能会涉及视频和门禁，那么系统就必须能够保证任何一种视频或门禁设备都能支持这20个功能且让用户感受不到差异。换个角度来讲，系统架构必须保证这种能力：只要有一种视频或门禁设备被接入，应用层面的开发和测试就可以单独进行，其他几百种同类设备一旦被成功接入（在设备接入层实现），就能顺利地使用。为此，我们必须有针对设备接入的完整检测工具，确保“接入”这个结果可以被清晰地衡量；我们还需要建立接入的事实标准，而这个标准又依赖于应用功能的需求，因为有些应用需求必须依赖设备实现。

VIPI 实施方法论是 T/S 架构的一个延伸。对于 T/S 架构的物联网系统而言，由于设备和服务分离，为了节约实施周期，可以将接入测试工作和应用建设工作同步推进。实践证明，我们采用 VIPI 实施方法论，较快地完成了整个 V 系统的建设。直到现在，我们在实施物联网系统时，仍然采用这套办法作为基本框架。

事件联动引擎是整个 V 系统非常重要的一个中枢，而且对于实现所谓的“自动化”起到了关键作用。在谈工具的“自动化”之前，有必要说说一段心理学方面的知识。

人类以及动物为什么被称为生灵？生灵有一个关键的特征，就是对外界有“反应”，比如，遇到危险会躲避，看到朋友会开心，吃到难吃的会恶心，等等。心理学领域对这个反应过程已经进行了深入的研究，大约在 20 世纪 50 年代，埃利斯发表了 ABC 理论。这个理论认为人（包括动物）的情绪反应过程是这样的：激发事件 A（Activating Event）被人的感觉器官接受后，人会基于自己的认知对这个事件产生信念 B(Belief)，继而引发情绪和行为后果 C(Consequence)。这个理论在人类对自身认知能力的进化过程中可以说是里程碑的发现。在此之前，我们通常认为是事件 A 直接导致了人的情绪和行为 C，即所谓发生了什么事就引发了什么样的情绪和行为。然而，仔细观察就会发现：同样一件事，对于不同的人会引发不同的情绪和行为。一个最明显的例子是足球赛，中国队遗憾地负于越南队，中国球迷会非常失望，但越南球迷欣喜若狂。因为，在绝大部分中国球迷的认知体系中，自己是中国人，中国队代表了中国，所以中国队输了，“我”很难受；相反，越南球迷从小就认为自己是越南人，越南队赢了，“我”就非常高兴。ABC 理论更客观地揭示了这一情绪行为反应的过程，这不仅为研究人类心理活动提供了关键性的指导，也在某种程度上为物联网系统的智能化提供了思路。

不知道是巧合还是必然，ABC 理论的产生时间和计算机的诞生时间非常接近。我们不知道埃利斯是不是阅读过第一台计算机产生的新闻报道，了解过计算机运行的机理，并因此获得灵感。但我们知道即便最简单的计算程序都有这样的逻辑：输入、处理、输出。因此，当我们在构建一个更智能的物联网系统的时候，事件接收、响应规则和联动动作就自然成为了实现智能化的三大必要组件。

根据 V 系统的业务领域边界，我们设计了足够多的事件来源定义方式，比如，离行 ATM 外围的红外双鉴探头夜间发生报警是一种事件来源，对讲机面板收到“求助”信号是另一种事件来源等。联动动作也需要被事先定义，比如，监控中心大屏弹出指定视频是一种动作，监控中心值班电脑发出提示响声是另一种动作，还有向值班经理发出报警短信这样的动作，林林总总，花样繁多。最后是配置响应规则，其实也就是配置事件来源和联动动作之间的关系，比如，事件来源“离行 ATM 外围的红外双鉴探头夜间发生报警”对应的联动动作有三个，其中一个是“监控中心值班电脑发出提示响声”，接下来是“监控中心大屏弹出指定视频”，最后一个动作是“保存相关视频录像至中心服务器”。在 V 系统里，大概配置和定义了一千多种事件来源和联动动作，并且建立起无数的响应规则，所有这些逻辑规则与上百万的安防设备协同运作，共同展现出一个自动化的安全防范体系。至今 V 系统已经运行 10 年以上，为这家超大型国有银行提供了可靠的安全保障，这家银行连续多年被银保监会评为最安全的银行。

我一直认为，在特定的应用领域，大部分的业务问题，基于一个良好的事件联动引擎，已经足以解决。真正的问题并不在技术本身，而是没有真正的业务专家把业务逻辑抽象出来并在系统中合理地配置。以很多大型物联网系统运行的情况来看，绝大部分用户基本只使用了 15% ～ 20% 左右的功能，而且大量基础数据并不规范。

在智能化这条道路上，我们常常是三步并为一步走，速度很快，但每一步都不那么扎实，所以投入产出比往往也不是那么高。

物联网系统和传统信息系统的差别主要在于物联网系统引入了大量的非标准设备，而且这些设备必须联动，从而实现某种程度的“自动化”。从这个意义上讲，处理好设备接入、设备联动就是最核心的问题。时至今日，我个人仍然认为大型物联网系统的建设都可以参考这些实践。

智能化是数字化浪潮中不可分割的一部分。和数字化一样，智能化这个词也存在非常多模糊不清的地方。有些人认为有人工智能技术的应用才能称为智能化系统，我之前也持相同观点。但随着与更多一线用户接触，我发现 IT 的价值首先应服务于业务价值，所以无论如何不能以采用什么技术来划分系统的好坏。当我们面对一个实实在在的业务问题时，明明可以用非常简洁有效的实现方案，但为了高大上，硬生生要引入某种前沿技术，是本末倒置，也是伪创新。人工智能肯定拥有一个伟大的前景，在 50 年或者 100 年内对这个世界产生根本性的改变，但这决不意味着本来该由逻辑算法＋物联传感器去解决的问题就要改由人工智能去解决了。现阶段没有解决好的问题不会消失，只会埋藏在那里，形成庞大系统的隐患。

我们这一代 IT 人是非常幸运的，从单机应用、主机应用、局域网系统、互联网系统到移动互联网与物联网应用，再到现在炙手可热的智能化，见证了几乎每一次数字产业浪潮。我始终认为，智慧地球的智能化时代如果还要经历 50 年的建设，那么前面 20 年的主要方向应该是智能物联网建设。如果把智慧地球看作一个人，那么智能物联网系统就是人的下意识部分（也常常被称为“肌肉记忆”），而以人工智能为核心的人工智能选择系统就是人的意识思考部分。

物联网必然越来越智能，也会越来越脆弱……

规则引擎加上精准的设备控制已经可以实现大部分所谓的智能效果，如果配合后台人工的远程操作，就可以实现以假乱真了。

人工智能技术是有用的

随着人工智能技术的结合应用，以及人工智能算力的不断增强，我们可以预见一个智慧的世界会越来越清晰地展现在眼前：在小区，自动售货机、无人超市和自动物流系统会解决大部分物品采购需求；在银行、车站、机场，自助机器和巡逻机器人将代替绝大部分服务人员和安保人员；在公路上，无人驾驶的汽车会成为主流；绝大部分餐厅会由炒菜的机器大厨和传送菜品的机器服务员承担日常工作……

可是，这幅由智能物联网科技手段绘制出来的新时代桃园佳境，也可能是脆弱不堪的。一个偶尔会把盐和糖搞混的机器大厨，我相信没有食客会吃它的菜；一个可能时不时驶出道路的无人驾驶汽车，我相信无人敢当乘客。建立在流沙之上的大厦，谁敢居住？事实上，有些基础性的工作如果没有做扎实，大厦建立到一半就会崩坍。

那么，什么是基础性的工作呢？我想就是智能物联网的安全问题。

智能物联网的安全至少应该包含以下两个层次。

第一个层次是系统自身运行的安全可靠，就是构成物联网系统的核心服务器和网络以及遍布全辖的物联网设备的安全稳定运行。传统的 IT 系统一般都有可靠性指标，我们知道 PC 服务器一般是 97% ～ 98% 左右，小型机可能会达到 99.95%，采用了云计算之后中央处理系统的可靠性接近于 100%。工业控制设备也有连续无故障运行的指标。但物联网领域，目前还没有特别强调这一点。

当物联网设备处于单个运行状态时，其稳定性一般是依靠设备自身的结构设计以及备用手段来保证的。比如我们最常见的门禁系统，它有一个非常重要的稳定性需求，就是要保证门能够及时开闭。如果出了故障，导致上班时正常刷卡却无法开门，或者下班后该闭门却无法闭合，就属于紧急事件了。有时门禁设备会自动修复问题（系统存在一定概率的偶发故障是可能的），有时却无法自动修复，这时就需要管理人员拿出备用的钥匙来处理。

智能物联网系统更加复杂，需要连接多个物联网设备，并且依靠具备算力的设备进行规则运算或者人工智能运算。一个完整的处理链条至少包括五个环节，A 设备获取原始信号并转换为系统可识别信息→传送该信息至最近的算力节点→根据规则（逻辑的或者人工智能决策）处理得出结果信息→传送该信息至目的设备 B →设备 B 解释结果信息并启动相应的设备功能进行执行。这个链条是一个串行的关系，中间任何一个环节出现故障都会影响最后的结果，所以整个系统的稳定性就是每个环节的稳定性相乘。假设物联网设备可靠性为 99.5%（已经比较高了），通信网络环节的可靠性为 99.9%（局域网络环节平均可靠性数据），算力单元的可靠性为 99.9%（一般 PC 服务器为 99.7%，这里取小型机和 PC 的中值），那么整个系统的可靠性为：99.5%×99.5%×99.9%×99.9%×99.7%=98.5%。乍一看 98.5% 也不错，其实用户的体验感已经差了很远。因为 98.5% 对应的故障时间是 99.5% 的三倍，也就是说如果你以往每月有一次打不开门，那么现在升级为智能系统后可能会每月有三次！

我们刚才还是按最简单的模型来测算的，实际上真正能够投入日常运转的智能物联网系统一般都是连接成百上千的各类设备，一个普通交易的处理链条中包含的环节肯定会超过 5 个。此外，一个更加要命的问题是，当故障发生时，我们很难马上定位到具体是哪个环节有异常。甚至一个重复发生的故障，也要花相当长的时间排查真正的问题点。

业界现在已经有了一些针对这方面问题的探索，比如建立针对物联网系统健康度的检测体系，有些面向物联网设备，有些面向物联网整体架构。这些思路从逻辑上讲是可行的，因为物联网系统中各环节的设备和普通电子设备一样，都有一个性能变化曲线，只要日常监测到位，及时更换，就可以避免大部分事故。但是，总体来讲，现在大家的重视程度还不够，特别是行业主管部门和客户方对此的重视程度不够高，我所知只有极少数比较领先的行业客户才开始着手这方面的建设。比如，有一家国内大型银行开始对自己的安防系统（物联网系统的一个分支）的运行状况进行全方位的自动检测和及时排故，能够依靠自动巡检系统发现 90% 以上的设备故障，减少人工的同时让安防系统更加“安全”。

刚才我们谈到的系统的稳定性、可靠性是一种由智能物联网系统自身复杂度带来的内在安全问题。下面我们将讨论另一个层次的安全问题——来自外部的安全威胁。

从 IT 系统诞生以来，信息安全威胁就一直如影随形。不过无论病毒、黑客造成了多么巨大的损失，都从来没有发生过一起直接威胁人身安全的攻击事件。可是，如果一个智能物联网系统被暗黑力量接管，其危害就不仅仅是数据丢失和信息泄露了，无论是智能汽车、巡逻机器人还是自动化门闸，都可能成为伤人利器。所以，从某种程度上说，智能物联网系统的防攻击能力应该是最基础的能力。

目前智能物联网系统的流行架构是云＋端。这种架构在安全上是存在非常多的隐患的，由于云本身的开放性与端设备在物理分布上的广阔特性，安全漏洞难以根绝。现有的人工智能技术都是基于云和大数据环境的，所以不开放网络就不可能实现真正的智能，而开放的网络就必然面临威胁。物联网终端设备因为具备专用特征，其操作系统和控制系统一般都是定制的，导致一般的黑客往往难以找到攻击入口。但也正是这个原因，让大家误以为物联网设备就不会被黑客攻击，同时业内也鲜有专业厂家去思考这个问题，留下巨大的安全隐患。

多少年以后的未来，可信的、健壮的智能物联网系统，才会构建出智慧的地球？

结束语

超越转型，实现数字化发展

数字化故事大结局

2042 年，自尚参科技创建以来已经过了 20 年的时间。在这 20 年里，科技取得了巨大的进步，在科技的推动下，人类普遍摆脱了贫困，社会实现了全面的发展。在一个阳光明媚的早晨，我开始了一天的工作。

机器人助理已经把昨天的重要新闻向我进行了介绍，并对我说明今天的日程。我进入了无人驾驶汽车，坐在舒适的座椅上，手里拿着一杯车载咖啡机帮我冲好的咖啡，与同事们召开今天的第一个会议。增强现实系统把我们拉进了同一个会议室，大家讨论着最近即将开展的一个重大的项目。会议结束，车载智能系统做好会议总结并发给每个参会人员。我的车以中等速度在车流中穿行，路上没有交通堵塞。车辆提醒我，将于 20 分钟后到达客户办公地点。透过车窗，我看到了花园般的城市，人们走在街上，神色都很安详、从容。环卫工人开着他们的智能清扫车打扫街道。

到达客户现场，宽阔的办公室内人很少，因为大部分人都已经实现了居家办公，除非重要的会议和必要的聚会，大家很少出现在办公室里。我要会见的是国航的 CEO，作为公司领导，他仍然每天在办公室办公。接待我的也是一个机器人，是他的秘书。机器人把我领到 CEO 的办公室和他见面。寒暄之后，我们进入了航空公司的元宇宙，他向我介绍了在运营中出现的问题。新超音速飞机和智能航空系统使运行效率大大提升，航班很少延误。人们没有因为元宇宙的出现减少旅行，反而有更多的人愿意到旅行目的地去亲自体验，所以对航空公司的服务提出了更高的人性化要求。他们抱怨机组配备的机器人服务员比例太高，他们希望有更多的空中小姐和他们进行直接的交流。但因为大部分乘务员飞行的时间都缩短了，有很多人的业务已经生疏。CEO 希望能够快速完成乘务员的复飞训练，最好能在几天内完成。我向他建议，可以结合元宇宙环境和脑机接口来完成训练，这样有可能完成他的目标。我推荐了几家提供脑机接口服务的公司，并帮他分析了这些服务的优缺点。

离开 CEO 的办公室，我叫来我的无人驾驶汽车，告诉它我要去一家餐厅会见朋友。无人驾驶汽车迅速地把我载到目的地。餐厅里顾客满员，幸好我的机器人助理已经帮我预订了座位。在餐厅里忙碌的服务员大部分都是机器人，也有人类服务员，大堂经理也是一个人。他忙着指挥服务员接待顾客，时不时地亲自走到熟客那里打招呼。餐厅里的食品大部分是由智能厨房制作的，不需要厨师的介入，但有的客人会提出定制的要求，大厨就需要亲自制作。与朋友用过午餐，我赶到下一个客户那里开会。

傍晚，我乘坐我的无人驾驶车辆回到了家，结束了一天的工作。机器人助理帮我整理了当天的工作记录，并告诉我明天是休息日。因为采用了大量人工智能，人的工作日已经由五天缩短到三天。我和妻子一起静静地享用晚餐，耳边响起美好的音乐声。因为生命科技的发展，我们都比实际年龄看起来年轻许多，身体也很健康，没有任何的老年病。这是多么美好的生活！

有心的读者可能已经注意到，我很少使用数字化转型的说法，也没有像其他人一样刻意区分数字化转型和数字化优化。我并不反对数字化转型的说法，也不反对这些区分，但我认为我们应该用更好的术语去取代数字化转型的说法。**正如前文所分析的，信息化和数字化的“化”字本身包含了转型之意，所以说数字化转型存在意义重复的问题。**但这不是我尽量规避数字化转型这一术语的深层次动因。

数字化转型的说法应该来自于 Digital Transformation，其中，Transformation 是改变形式的意思。但改变形式是什么意思呢？一只大象能不能变成一只猴子？如果能够变成一只猴子，猴子还是大象吗？如果大象都变成了猴子，不就意味着物种的灭绝吗？对一个社会生态系统这是好事还是坏事呢？当然，自然界中确实经常出现物种灭绝的情况，关于其好坏也有很多争论。抛开这些争论，回到数字化转型本身，我们发现转型这个说法存在这样一些问题。

首先，转型一般意味着巨变。从最终结果来看，这也许并没有错。我们看一个企业或是一个人，如果跨越几十年甚至上百年的历史，大部分的变化都是非常大的。特别是在社会发展变化如此迅速的今天。**但我们发现，这些变化不是突然发生的，它们大部分是在漫长的演变过程中发生的。**当然，这个演变也不完全是自然而然发生的，还是一种有意识的、自觉的发生。我个人经历过若干次变化，无论是我自己还是与我相关的企业，都有许多变化。我的第一个工作单位国航是从一个政府部门中脱胎出来，逐渐变成一家企业，最后成为上市公司的，这些变化不可谓不大。我个人从一名技术员到一名教师，再到 IT 工程师、管理人员、顾问，最后成为企业创始人，也经历了许多巨变。依照我的观察，这些变化既包含着自然顺应过程，也包含主动意识驱动过程。这两种成分究竟哪个起的作用更大，不同的企业、不同的个人各有差异。能够自然顺应当然也不错，但是如果全部是被动的适应也可能出现问题，可能最终根本无法适应。前面已经举了一些例子，我在此不忍心再次点它们的名字。所以，**我认为，一直有一种主动意识总比完全被动适应要好一些。只有有了这样的意识，才能时刻把握方向，在需要变化的时候实现转变。如果没有主观战略意识，长期过程中积累的巨变，就会变成“剧变”**。许多企业在剧变中都会受到巨大的打击，甚至出局。所以，**转型的巨变含义有一定的误导性，会使许多人认为巨变就是剧变，而剧变是高度危险的，只有极少数企业能够幸存下来。**

另外转型这个词是一个中性词，也就是说转型可以朝着好的方向转，也可以朝着不好的方向转。并不是所有的转型都是好的，虽然主观上没有人愿意转向不好的方面。数字化转型的不确定性更强，有的企业认为转型就一定是好的，这样的观点并不正确。**实现了数据驱动、平台化，如果做得好应该是好，的转型方向，但如果做得不好，也会导致业务的失败。**比如，没有深入研究企业业务的特点，指标选取过多、过细，可能导致投入的成本无法被收益覆盖。如果对一个以知识工作者为主的企业采取过多的指标管理，就会干扰知识工作者的正常工作和自由裁量权。还有大数据分析采用了比较低劣的算法，算法其实是人的想法。如果是不完善的想法，就会出现许多不虞的结果。通过平台连接客户为数据流动提供了便利，但是对消费者和机构的平台要求完全不同，对于机构客户来说，客户关系更加重要，不是有了好的平台连接就万事大吉了。这些在前文中已经有了较多的分析，在此不再赘述。**我认为数据驱动和平台化也许只是处于把事做正确的层面，并不能解决做正确的事的问题。而解决后者总是需要领导者和管理者的思维框架、洞察力和价值观。**也就是说，数字化转型不一定是好的，也可能是不好的，因为其缺少内嵌的向好的含义和要求。因此，我认为应该采用数字化发展来取代数字化转型的说法。这一点可能会引起不少的争论，因为还没有这个术语，《人民日报》在2021年曾在版面上用过数字化发展的说法，但是从国家宏观层面提出的。我提出的数字化发展不是国家宏观层面的概念，而是一个企业或组织的数字化发展理念。企业的数字化发展具有进步、渐进、持续和科技向善等主要内涵。

数字化发展内涵了进步的意义。数字化发展不是中性词，必须向着更好的方向发展，包括把产品和服务做得更好，也包括做出更好的产品和服务。**数字化不是目的，而是一种把企业变得更好的手段。**数字化发展符合人类社会不断进步的要求，是人类社会进步的一种促进力量。在英文里可以表述为Digital Progression，但我希望这个理念是由中国人提出来的。我和过去Gartner的同事求证过，他说迄今为止，在英语的语境中还没有这个词，但他完全理解其中的含义。他认为这是一种原创性和独创性的概念。

数字化发展是渐进式的，不是一种剧变。它体现了企业或组织对数字化时代的主动适应，是在适应性思想指导下的，对生产方式、工作方式、经营模式渐进式的改进。无论在数字化时代，还是在工业化时代，企业和组织都需要对新生事物保持敏感和适应。只不过在数字化时代，企业的拟人化特征更加明显。大数据的获取和使用使得企业更容易感知外界的变化，企业拥有了“认知”能力。有了更好的认知能力，在实践方面要采取必要的行动，包括学习、采用和适应变化等。有的企业可能还不能采用新的技术，但是必要的学习是不可缺少的。除了理论学习，还要通过实践掌握要领，探索新的应用途径。有的企业需要采用新的技术并对企业做出适应性的调整。主动学习、感知表现了组织的自觉性，在此基础上可以主动应用，也可以采用被动应用的模式。不管采取何种模式，最终都可以保证企业平稳发展和进步。

数字化发展是持续的，也就是说数字化发展没有终点。数字化转型追求巨变的结果，仿佛巨变就取得了成功，而数字化发展会阶段性表现出巨变，但巨变不是目的，即使完成了某种转型（商业模式和运营模式方面），仍然需要持续地感知、学习、采用和适应。当一个组织建立了这样的发展模式，就有可能成为“百年老店”，甚至是“千年老店”。

数字化发展是以科技向善为目的的。当今科技的发展速度迅猛，新的科学发现模式，尤其是以大数据驱动的发现模式已经使科学技术越来越挑战人类的把握能力。**但从价值论的角度来说，科技是为人类服务的，必须符合绿色、和谐、生态的发展理念。**在科技的应用中，必须把握住科技向善的原则。人类不能够只考虑科技本身，更多的是要考虑人类的发展。科技的力量如此之大，如果掌握科技的人相对弱小，就可能带来很多问题。比如一个程序员，只知道根据需求写代码，但他并不知道代码背后的含义和影响是什么，就会导致“科技作恶”。当然实现科技向善并不是一件容易的事，需要整个人类系统的不断进步。但数字化的工作者是有科技向善的责任的。我们大多数人都是一根蜡烛，在我们一生中的大部分时间都只能照亮自己周围的一点点空间。有时候蜡烛会产生灯花，可以照亮更大的范围，这就是对人类和世界的贡献。我坚信，如果每个人的蜡烛不熄灭，世界就是光明的。我希望本书的读者和我一起，做那根永远不熄灭的蜡烛。作为数字化的领导者，我们还要不时地爆出灯花，照亮更多的空间。当我们发现有人的烛光熄灭时，就用我们的烛火帮他点燃蜡烛。

在这本书中，我和朋友们用自己的经历和经验展现了用心见发现数智秘密的过程。这些过程和发现的结果并不能作为永远正确的结论。我们的更多期望，是读者们的自我发现、自我发展。

让我们用“心见”发现“数智”的秘密，增长数字化智慧!

数字化发展，让世界变得更美好!

数字化故事大结局点评

在这个故事里，科技确实让生活变得更美好。人工智能和机器人帮助人类完成了大量重复、繁重的工作，但没有取代人类的工作，没有造成大量人员失业。人们的工作更轻松，工作时间缩短，自由支配时间延长。元宇宙使分布式办公变得如身临其境，使培训工作变得更加逼真。但人们没有放弃人类之间面对面的交流和对现实世界的体验。生命科学让人们更健康，活得更久。但这只是数字化的一种可能性，一种在数字化发展理念指导下的可能性。数字化还有别的可能性，包括大量人员失业、人与人之间日益疏远、社会不平等加剧等。最终走向哪种可能性取决于人类的选择。